JN093375

Excelで完全マスター
フーリエ級数と
ラプラス変換

柏田順治 著

技報堂出版

●本書で使用するファイルは技報堂出版（株）のホームページよりダウンロードできます。圧縮ファイル（zip
　形式）ですので解凍してお使いください。

http://www.gihodoshuppan.co.jp/fourierlaplace.zip

パスワード　　g7i6h5o5

書籍のコピー，スキャン，デジタル化等による複製は，著作権法上での例外を除き禁じられています。

Microsoft Windows，Microsoft Visual Studio，Microsoft Internet Explorer は，米国 Microsoft Corporation の，米国
およびその他の国における登録商標または商標です。
その他，本書に記載されている会社名，製品名はすべて各社の登録商標または商標です。

序　　言

　皆さんの日々の要求に応えるため、身近な電子機器の中を動き回り働いてくれているのは電気信号です。しかもそのほとんどは矩形波の形をしています。皆さんはこの矩形波が高校で学ぶ sin, cos を使って理解できることをご存じでしょうか。sin, cos と、これらを発展させたガウス座標や虚数、三角関数の微積分など高校で学ぶ内容に加え、オイラーの公式を下地として知っていれば、フーリエ級数を使って矩形波を知り、ラプラス変換を使って矩形波の変化を予想することが可能になります。さらに Excel を使えば矩形波、さらには矩形波を電気回路に入れた結果現れる出力波形を目に見える形で再現することが可能です。

　この本では理科系の学生に必須であるフーリエ級数とラプラス変換を Excel を使って体感として楽しく学べる工夫を試みました。しかも、作成した Excel はフーリエ級数とラプラス変換の習得で目的を終えるわけではなく、特に電気のエンジニアにとってはその後も継続してさまざまな課題解決の助けとなるツールになり得ると考えています。

　内容ですが、はじめに三角関数などの公式をまとめて掲載しています（0 章）。フーリエ級数とラプラス変換を学ぶ際に、公式を他書などで調べる手間を省く目的です。また、公式に付随して簡単な解説も載せています。特に、久々に高校の数学に接する方には助けになるかと思います。もちろん、公式の章は時折参照しながら、フーリエ級数以降の章を読み進めても結構です。

　そして、フーリエ級数以降の章に入ります。この本の内容は大きく二つに分けられます。"解説"と"Excel グラフの作り方"です。解説は読み飛ばして、Excel のグラフ作りだけを楽しむこともできるかと思います。フーリエ級数の章（1 章）では、その意味や使い方を学ぶ以外も、負の周波数や虚数のスペクトルなど、興味を引かれる内容にも触れていきます。フーリエ級数で純粋な矩形波を再現できた後に挑戦するのがラプラス変換です。

　ラプラス変換の章（2 章）では、抵抗、コンデンサ、コイルなどの回路素子に前章で作成した矩形波が入り込むと、どのような波形に変わってしまうのかを波形のグラフとして見ることができます。また、ラプラス変換から見たい波形の式を導く際、あらかじめ計算しておいた三角関数の畳み込み積分の結果を利用する方法を提案したいと思います。

　最後に応用例として変調の章（3 章）を設けました。変調の章では、波の掛け算について考えてみたいと思います。Excel を使うと具体的な事例を扱うことができます。特にこれからノイズの解析などスペクトルに係わる方の参考になることを期待しています。

　本書は、Excel で信号波形を再現するという目的に沿ってストーリーを組んでいます。お互いに関連が薄い公式の解説を羅列したものではありませんので、途中迷うことなく読み進められるかと思います。学生の方には sin, cos の先にある応用の世界を、エンジニアの方には知識の整理を、工学にあまり関わる機会のない方にもその一端を、この本を一歩前へ進むそのきっかけにしていただけると幸いです。

2023 年 10 月

柏 田 順 治

目　　次

0. 公 式 集

囲みは本書で実際に使用している公式

0.1 三角関数

（a） 三角関数（半径１の単位円での）定義

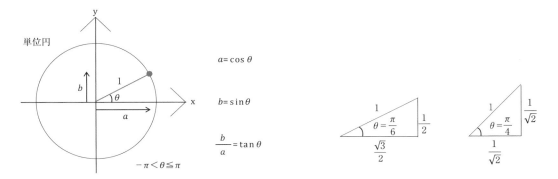

単位円

$a = \cos\theta$

$b = \sin\theta$

$\dfrac{b}{a} = \tan\theta$

$-\pi < \theta \leqq \pi$

角度 θ に対する数値表とグラフ

θ [rad]	$-\pi$	$-5\pi/6$	$-3\pi/4$	$-2\pi/3$	$-\pi/2$	$-\pi/3$	$-\pi/4$	$-\pi/6$	0	$\pi/6$	$\pi/4$	$\pi/3$	$\pi/2$	$2\pi/3$	$3\pi/4$	$5\pi/6$	π
[度]	-180	-150	-135	-120	-90	-60	-45	-30	0	30	45	60	90	120	135	150	180
$\cos\theta$	-1 (定義外)	$\dfrac{-\sqrt{3}}{2}$	$\dfrac{-1}{\sqrt{2}}$	$\dfrac{-1}{2}$	0	$\dfrac{1}{2}$	$\dfrac{1}{\sqrt{2}}$	$\dfrac{\sqrt{3}}{2}$	1	$\dfrac{\sqrt{3}}{2}$	$\dfrac{1}{\sqrt{2}}$	$\dfrac{1}{2}$	0	$\dfrac{-1}{2}$	$\dfrac{-1}{\sqrt{2}}$	$\dfrac{-\sqrt{3}}{2}$	-1
$\sin\theta$	0 (定義外)	$\dfrac{-1}{2}$	$\dfrac{-1}{\sqrt{2}}$	$\dfrac{-\sqrt{3}}{2}$	-1	$\dfrac{-\sqrt{3}}{2}$	$\dfrac{-1}{\sqrt{2}}$	$\dfrac{-1}{2}$	0	$\dfrac{1}{2}$	$\dfrac{1}{\sqrt{2}}$	$\dfrac{\sqrt{3}}{2}$	1	$\dfrac{\sqrt{3}}{2}$	$\dfrac{1}{\sqrt{2}}$	$\dfrac{1}{2}$	0
$\tan\theta$	0 (定義外)	$\dfrac{1}{\sqrt{3}}$	1	$\sqrt{3}$	$\infty\Rightarrow-\infty$	$-\sqrt{3}$	-1	$\dfrac{-1}{\sqrt{3}}$	0	$\dfrac{1}{\sqrt{3}}$	1	$\sqrt{3}$	$\infty\Rightarrow-\infty$	$-\sqrt{3}$	-1	$\dfrac{-1}{\sqrt{3}}$	0

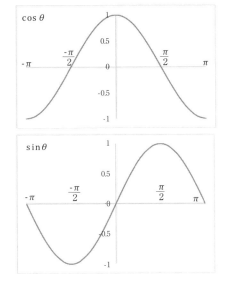

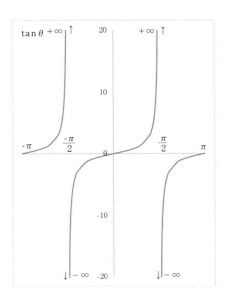

0. 公式集

定義から

$$\tan\theta = \frac{\sin\theta}{\cos\theta}$$

さらに

$$\tan^2\theta + 1 = \frac{1}{\cos^2\theta}$$

三平方の定理から

$$\sin^2\theta + \cos^2\theta = 1$$

0.2 角 θ（α と β）に関する公式
（a） サイン・コサインの変換

$$\boxed{\sin\left(\frac{\pi}{2}-\theta\right) = \cos\theta}$$ ← cos、余弦の語源となる式らしい $$\boxed{\sin\left(\frac{\pi}{2}+\theta\right) = \cos\theta}$$

$$\cos\left(\frac{\pi}{2}-\theta\right) = \sin\theta \qquad \boxed{\cos\left(\frac{\pi}{2}+\theta\right) = -\sin\theta}$$

$$\tan\left(\frac{\pi}{2}-\theta\right) = \frac{1}{\tan\theta} \qquad \tan\left(\frac{\pi}{2}+\theta\right) = -\frac{1}{\tan\theta}$$

オイラーの公式に、$\theta \pm \pi/2$ を適応すると $\qquad$ j は虚数単位

$$\boxed{e^{j(\theta+\pi/2)} = \cos\left(\theta+\frac{\pi}{2}\right) + j\sin\left(\theta+\frac{\pi}{2}\right) = -\sin\theta + j\cos\theta = j(\cos\theta + j\sin\theta) = j\cdot e^{j\theta}}$$

$$e^{j(\theta-\pi/2)} = \cos\left(\theta-\frac{\pi}{2}\right) + j\sin\left(\theta-\frac{\pi}{2}\right) = \sin\theta - j\cos\theta = -j(\cos\theta + j\sin\theta) = -j\cdot e^{j\theta} = \frac{e^{j\theta}}{j}$$

（b） $-\theta$

$$\boxed{\sin(-\theta) = -\sin\theta}$$
$$\boxed{\cos(-\theta) = \ \ \cos\theta}$$
$$\tan(-\theta) = -\tan\theta$$

（c） 加法定理

$$\sin(\alpha+\beta) = \sin\alpha\cos\beta + \cos\alpha\sin\beta, \quad \cos(\alpha+\beta) = \cos\alpha\cos\beta - \sin\alpha\sin\beta, \quad \tan(\alpha+\beta) = \frac{\tan\alpha + \tan\beta}{1 - \tan\alpha\tan\beta}$$

$$\sin(\alpha-\beta) = \sin\alpha\cos\beta - \cos\alpha\sin\beta, \quad \cos(\alpha-\beta) = \cos\alpha\cos\beta + \sin\alpha\sin\beta, \quad \tan(\alpha-\beta) = \frac{\tan\alpha - \tan\beta}{1 + \tan\alpha\tan\beta}$$

(d) 2倍角

$$\sin 2\alpha = 2\sin\alpha\cos\alpha$$

$$\cos 2\alpha = \cos^2\alpha - \sin^2\alpha$$

$$\tan 2\alpha = \frac{2\tan\alpha}{1-\tan^2\alpha}$$

(e) 半角

$$\sin^2\frac{\alpha}{2} = \frac{1-\cos\alpha}{2}$$

$$\cos^2\frac{\alpha}{2} = \frac{1+\cos\alpha}{2}$$

$$\tan^2\frac{\alpha}{2} = \frac{1-\cos\alpha}{1+\cos\alpha}$$

0.3 積と和の公式

(a) 積和の公式

$$\sin\alpha\cos\beta = \frac{1}{2}\{\sin(\alpha+\beta)+\sin(\alpha-\beta)\} \quad ①$$

$$\cos\alpha\sin\beta = \frac{1}{2}\{\sin(\alpha+\beta)-\sin(\alpha-\beta)\}$$

$$\boxed{\cos\alpha\cos\beta = \frac{1}{2}\{\cos(\alpha+\beta)+\cos(\alpha-\beta)\}}$$

$$\sin\alpha\sin\beta = -\frac{1}{2}\{\cos(\alpha+\beta)-\cos(\alpha-\beta)\}$$

(b) 和積の公式

$$\sin A + \sin B = 2\sin\frac{A+B}{2}\cos\frac{A-B}{2}$$

$$\sin A - \sin B = 2\cos\frac{A+B}{2}\sin\frac{A-B}{2}$$

$$\cos A + \cos B = 2\cos\frac{A+B}{2}\cos\frac{A-B}{2}$$

$$\cos A - \cos B = -2\sin\frac{A+B}{2}\sin\frac{A-B}{2} \quad ②$$

なかなか覚えられない sin、cos の積和と和積の公式だが、お勧めの方法は下の表を覚えること。

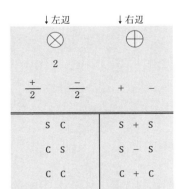

→式の形が積か和か

→左辺に付く係数

→変形後の角度の関係

→公式の構成

0. 公 式 集

もう少し詳しく書くと、

$\otimes$		$\oplus$	
2			
α	β	$(\alpha+\beta)$	$(\alpha-\beta)$
$\dfrac{A+B}{2}$	$\dfrac{A-B}{2}$	A	B
S C		S + S	
C S		S − S	
C C		C + C	
− S S		C − C	

例として、この表から積和の公式①を作ってみよう。

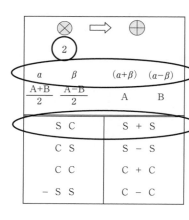

使うのは丸で囲んだ部分

$2\sin\alpha\cos\beta = \sin(\alpha+\beta) + \sin(\alpha-\beta)$

両辺を 2 で割れば、積和の公式①だ。

次は和積の公式②を作ってみよう。

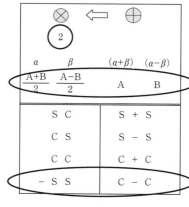

$-2\sin\dfrac{A+B}{2}\sin\dfrac{A-B}{2} = \cos A - \cos B$

左辺と右辺を入れ替えれば、和積の公式②だ。

0.4 逆関数

(a) $\tan^{-1}$

$$\boxed{\phi = \tan^{-1}\frac{b}{a}}$$ アークタンジェント $\frac{b}{a}$

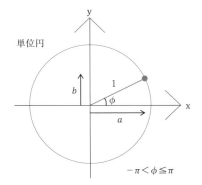

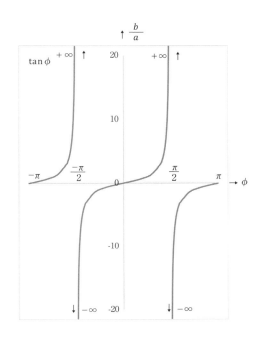

角として θ でなく ϕ を使っているが、気にしないで欲しい。後述の三角関数合成の式で混乱を避けるためあえて変えている。

右は $\tan\phi$ のグラフ。$\tan^{-1}\left(\frac{b}{a}\right)$ では、y 軸の $\frac{b}{a}$ の値から、x 軸の角度 ϕ を読み取ることになる。

sin, cos の逆関数もあるが、グラフからわかるように、y 軸上の $-\infty\sim\infty$ の全ての実数について対応する角 ϕ があること、角 ϕ の範囲を $-\frac{\pi}{2}\sim\frac{\pi}{2}$ に限定すれば、$\frac{b}{a}$ の値に対してただ一つの角 ϕ を決められることから、角 ϕ の定義には、$\tan^{-1}$ が通常使われる

(b) $-\pi<\phi\leqq\pi$ （1 周期の範囲）での再定義

まず、$-\frac{\pi}{2}<\phi_0<\frac{\pi}{2}$ の範囲で、$\phi_0 = \tan^{-1}\left(\frac{b}{a}\right)$ の ϕ_0 を求め、

a（分母）> 0 なら、	$\phi = \phi_0$	①
a（分母）< 0 で、 b（分子）> 0 なら、	$\phi = \phi_0 + \pi$	②
b（分子）< 0 なら、	$\phi = \phi_0 - \pi$	③

$\tan^{-1}$ のグラフからわかるように、角 ϕ の値を $-\frac{\pi}{2}\sim\frac{\pi}{2}$ から、$-\pi\sim\pi$ に広げると、y 軸 $\frac{b}{a}$ の値に対して、角 ϕ が二つ定義されてしまう。しかし、分子と分母の符号の組合せを区別することで、同じ $\frac{b}{a}$ の計算結果でも、ただ一つの角 ϕ に限定可能（網掛けした各領域の角度に区別可能）である。実用上は上に記載の方法をとる。

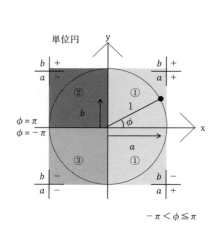

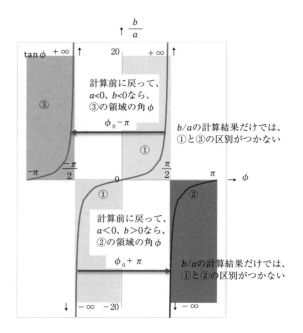

この角 ϕ を $-\pi \sim \pi$ へ拡張した $\tan^{-1}$ は、Excel の関数として準備されている。

$$-\frac{\pi}{2} \leqq \phi \leqq \frac{\pi}{2} \qquad \Rightarrow \qquad \text{ATAN（数値）}$$

に対し

$$-\pi < \phi \leqq \pi \qquad \Rightarrow \qquad \text{ATAN2（x 座標、y 座標）}$$

せっかくなので、冒頭の表を使って、Excel の二つの関数の違いを確認してみよう。

↓冒頭の表。ϕ の単位は [rad]。

ϕ [rad]	$-\pi$	$-5\pi/6$	$-3\pi/4$	$-2\pi/3$	$-\pi/2$	$-\pi/3$	$-\pi/4$	$-\pi/6$	0	$\pi/6$	$\pi/4$	$\pi/3$	$\pi/2$	$2\pi/3$	$3\pi/4$	$5\pi/6$	π
a (=cosφ)	-1 (定義外)	$\frac{-\sqrt{3}}{2}$	$\frac{-1}{\sqrt{2}}$	$\frac{-1}{2}$	0	$\frac{1}{2}$	$\frac{1}{\sqrt{2}}$	$\frac{\sqrt{3}}{2}$	1	$\frac{\sqrt{3}}{2}$	$\frac{1}{\sqrt{2}}$	$\frac{1}{2}$	0	$\frac{-1}{2}$	$\frac{-1}{\sqrt{2}}$	$\frac{-\sqrt{3}}{2}$	-1
b (=sinφ)	0 (定義外)	$\frac{-1}{2}$	$\frac{-1}{\sqrt{2}}$	$\frac{-\sqrt{3}}{2}$	-1	$\frac{-\sqrt{3}}{2}$	$\frac{-1}{\sqrt{2}}$	$\frac{-1}{2}$	0	$\frac{1}{2}$	$\frac{1}{\sqrt{2}}$	$\frac{\sqrt{3}}{2}$	1	$\frac{\sqrt{3}}{2}$	$\frac{1}{\sqrt{2}}$	$\frac{1}{2}$	0

この表の a と b を、ATAN( ) と ATAN2( ) の引数として ϕ を計算し、一番上の行の ϕ と一致するかを確認する。

↓ ATAN( ) と ATAN2( ) の計算結果は整数となるため、正しい値である ϕ[rad] を整数に変換して比較する。

上の表の ϕ を整数にしただけ→

ϕ [rad]	-3.142	-2.618	-2.356	-2.094	-1.571	-1.047	-0.785	-0.524	0	0.524	0.785	1.047	1.571	2.094	2.356	2.618	3.142
ATAN(b/a)→ ATAN( )	0 (定義外)	(定義外)	(定義外)	(定義外)	=ATAN(−1/0) エラー	-1.047	-0.785	-0.524	0	0.524	0.785	1.047	=ATAN(1/0) エラー	-1.047	-0.785	-0.524	0
ϕと一致 ⇒ ATAN2(a,b)→ ATAN2( )	3.142 (定義外)	-2.618	-2.356	-2.094	-1.571	-1.047	-0.785	-0.524	0	0.524	0.785	1.047	1.571	2.094	2.356	2.618	3.142

↑
=ATAN2(0,−1)
も返してくれる

=ATAN2(0,1)
も返してくれる

　以上から、$-\pi \sim \pi$ の範囲に拡張して考える場合、$\tan^{-1}$ の計算は、Excel の関数 ATAN2( ) を使うべきとなるが、この本は ATAN2( ) でなければ説明できないケースが発生しないため、角 ϕ を求める $\tan^{-1}$ の計算には、ATAN( ) のほうを使用する。

　この本で $\tan^{-1}$ を計算に使うのは、後で公式を記述する三角関数の合成である。合成時に ATAN2( ) を使わなかったために、本来の結果からグラフの表示が x 軸で回転（位相が 180°変化）してしまう場合が

あるかもしれないが、この本で説明したい内容に影響を与えるものではない。

(c) $\tan^{-1}(-x)$

$$\boxed{\tan^{-1}(-x) = -\tan^{-1}x}$$ ← グラフや $\tan\phi$ の表の正負の対称性から明らか

$$\cos^{-1}(-x) = \pi - \cos^{-1}x$$

$$\sin^{-1}(-x) = -\sin^{-1}x$$

(d) $\tan^{-1}(1/A)$

$$\boxed{\tan^{-1}A + \tan^{-1}(1/A) = \begin{cases} \pi/2 & (A > 0 \text{ の場合}) \\ -\pi/2 & (A < 0 \text{ の場合}) \end{cases}}$$

直角三角形の直角を除いた二つの角の和が $\pi/2$ であることから理解できる。

下の絵は同じ直角三角形を裏返しに置き直した関係にある。

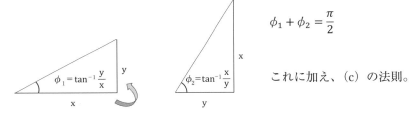

$$\phi_1 + \phi_2 = \frac{\pi}{2}$$

これに加え、（c）の法則。

0.5 三角関数の合成

(a) 三角関数の合成式

θ が同じ $\sin$ と $\cos$ の足し算は合成できる。

サイン・コサインの変換公式 $\sin\theta = \cos\left(\frac{\pi}{2} - \theta\right)$、
$-\theta$ の公式 $\cos(-\theta) = \cos\theta$ から

$$a\sin\theta + b\cos\theta = \sqrt{a^2 + b^2}\sin(\theta + \phi) = \sqrt{a^2 + b^2}\cos\left(\theta + \phi - \frac{\pi}{2}\right)$$

ここでは ϕ は、$\phi = \tan^{-1}\left(\dfrac{b}{a}\right)$

または、$\sin\phi = \dfrac{b}{\sqrt{a^2 + b^2}}$、$\cos\phi = \dfrac{a}{\sqrt{a^2 + b^2}}$ から算出

例：$\sqrt{3}\sin\theta - \cos\theta$

$$\sqrt{a^2 + b^2} = \sqrt{3+1} = 2$$

$$\phi = \tan^{-1}\left(\frac{-1}{\sqrt{3}}\right) \quad \text{分母} > 0 \text{ なので、} \phi = -\frac{\pi}{6}$$

または、

$$\sin\phi = \frac{-1}{2}、\cos\phi = \frac{\sqrt{3}}{2} \text{ より、} \phi = -\frac{\pi}{6}$$

したがって、

$$\sqrt{3}\sin\theta - \cos\theta = 2\sin\left(\theta - \frac{\pi}{6}\right)$$

$$= 2\cos\left(\theta - \frac{2\pi}{3}\right)$$

0.6　オイラーの公式

（a）　オイラーの公式

$$e^{j\theta} = \cos\theta + j\sin\theta \qquad j = \sqrt{-1}、\qquad e：\text{ネイピア数} = 2.7182818284590\cdots$$

エンジニアが最もお世話になっている式ではないだろうか。

ここに、その大きさが e^x（ネイピア数 e の x 乗）で表せる現象があったとして、$x > 0$ なら、x とともに急激に増加する。$x = 0$ なら 1 固定で変化しない。$x < 0$ なら、x とともに急激に減少する。このことは誰でも理解できるであろう。では、x が虚数ならどうであろうか？　オイラーの公式はその答も教えてくれる。右辺を見れば明らかなように、虚数の大きさ θ の変化は三角関数の角度の変化となる。実数部、虚数部ともに、$+1$ から -1 の間の値の繰り返しとなるのである。オイラーの公式は回転や周期運動を計算するのに驚異的に役立つ。オイラーの公式をフル活用するためにガウス座標を使おう。

角周波数 ω の n 倍の角周波数 $n\omega$ で時間変化する $\sin, \cos$ を考える場合、オイラーの公式は、

$$\boxed{e^{jn\omega t} = \cos(n\omega t) + j\sin(n\omega t)} \qquad n：\text{自然数、}\omega：\text{角周波数、}t：\text{時間}$$

（b）　オイラーの公式から

$$\sin\theta = \frac{1}{2j}\left(e^{j\theta} - e^{-j\theta}\right) \qquad\qquad \sin(n\omega t) = \frac{1}{2j}\left(e^{jn\omega t} - e^{-jn\omega t}\right)$$

$$\cos\theta = \frac{1}{2}\left(e^{j\theta} + e^{-j\theta}\right) \qquad\qquad \cos(n\omega t) = \frac{1}{2}\left(e^{jn\omega t} + e^{-jn\omega t}\right)$$

$$\tan \theta = \frac{1}{j} \cdot \frac{e^{j\theta} - e^{-j\theta}}{e^{j\theta} + e^{-j\theta}}$$

0.7　ガウス座標（複素座標）

（a）　ガウス座標（複素座標）

y 軸を虚数軸とした座標系をガウス座標と言う。ここでも単位円上の動きとして説明する。

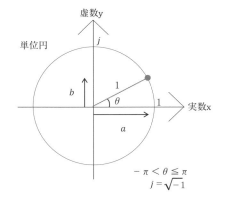

左図のように y 軸に虚数をとると、円周上の位置（円周上を定速＝一定周期運動をしている点と考えれば、位相）を示す方法は、

$$(a, b)、\quad (\cos \theta, \sin \theta)$$

以外にも、ベクトルとしての表現

$$a + bj、\quad \cos \theta + j \sin \theta$$

がある。ガウス座標を使わず、y 軸が実数の通常の座標で記述する場合は、

$$a\vec{x} + b\vec{y} \quad (\vec{x}、\vec{y} は単位ベクトル。ベクトルの文字表現には諸説あり)$$

となり、j の有無で軸を区別できるガウス座標は表現としても簡素だ。

上記四つの表現に加え、オイラーの公式を使えば、指数関数でも円周上の位置（周期運動の位相）を表現できる。

$e^{j\theta}$　なぜなら　$e^{j\theta} = \cos \theta + j \sin \theta$　であるから。

（b）ガウス座標上の回転

図の θ の位置にある円周上の点を 90°回転してみよう。90°の回転は指数関数に j を掛けるだけでよい。−90°回転させる場合は −j を掛けるだけだ。確認してみよう。まず、j をオイラーの公式を使って指数関数に直すと、

$$j = 0 + j = \cos \frac{\pi}{2} + j \sin \frac{\pi}{2} = e^{j\frac{\pi}{2}}$$

なので、

$$j \cdot e^{j\theta} = e^{j\frac{\pi}{2}} \cdot e^{j\theta} = e^{j\left(\theta + \frac{\pi}{2}\right)} = \cos \left(\theta + \frac{\pi}{2}\right) + j \sin \left(\theta + \frac{\pi}{2}\right)$$

90°回転できた。

さらに続けて 90°回転させたければ j を掛け続ければよい。−90°の場合は、

$$-j = 0 - j = \cos \left(-\frac{\pi}{2}\right) + j \sin \left(-\frac{\pi}{2}\right) = e^{-j\frac{\pi}{2}}$$

$$-j \cdot e^{j\theta} = e^{-j\frac{\pi}{2}} \cdot e^{j\theta} = e^{j\left(\theta - \frac{\pi}{2}\right)} = \cos\left(\theta - \frac{\pi}{2}\right) + j\sin\left(\theta - \frac{\pi}{2}\right)$$

90°逆回転できた。さらに続けて 90°逆回転させたければ $-j$ を掛け続ければよい。

　掛け算による回転は、何も $\pm j$ による ± 90°の回転に限定されるわけではなく、また、単位円上の点に限定されるわけでもない。今度は、単なる j ではなく、適当な複素数 $\sqrt{3} + j$（適当と言いつつ、計算しやすいものを選んでいるのだが）を掛けることが何を意味するか考察してみる。

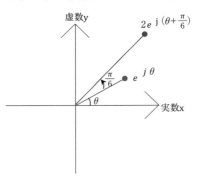

$\sqrt{3} + j$ を単位円で説明した座標のベクトル表現と考えると、これに対応する角 ϕ と原点からの距離 r（距離 1 の単位円とは限らないので）を使ったベクトル表現 $r(\cos\phi + j\sin\phi)$ があるはずだ。この表現に変えるために、直交座標を極座標に変換する式を使う。$\sqrt{3} + j$ を一般化して $c + jd$ と置いた場合、c, d と r, ϕ の関係は、

$$r = \sqrt{c^2 + d^2}、\qquad \phi = \tan^{-1}\frac{d}{c}$$

となる。$\sqrt{3} + j$ について計算すると、

$$r = \sqrt{3 + 1} = 2、\qquad \phi = \tan^{-1}\frac{1}{\sqrt{3}} = \frac{\pi}{6}$$

であり、

$$2\left\{\cos\left(\frac{\pi}{6}\right) + j\sin\left(\frac{\pi}{6}\right)\right\}$$

これに、オイラーの公式を適用すると、

$$2\left\{\cos\left(\frac{\pi}{6}\right) + j\sin\left(\frac{\pi}{6}\right)\right\} = 2e^{j\frac{\pi}{6}}$$

となる。ガウス座標だからこそ、オイラーの公式の恩恵に与れる。これをある点、$e^{j\theta}$ に掛けてみよう。

$$2e^{j\frac{\pi}{6}} \cdot e^{j\theta} = 2e^{j\left(\theta + \frac{\pi}{6}\right)} = 2\left\{\cos\left(\theta + \frac{\pi}{6}\right) + j\sin\left(\theta + \frac{\pi}{6}\right)\right\}$$

つまり、$\sqrt{3} + j$ を掛けるとは、元の点を原点から 2 倍離し、$\pi/6$ 回転させることと同じである。

0.8　双曲線関数（hyperbolic function）

（a）　双曲線関数の定義

　この本では、式を簡潔に記述するためだけに使用している。

ハイパボリック サイン

$$\sinh\theta = \frac{1}{2}\left(e^{\theta} - e^{-\theta}\right) \qquad\qquad \sinh(n\omega t) = \frac{1}{2}\left(e^{n\omega t} - e^{-n\omega t}\right) \qquad また、\qquad \sinh 0 = 0$$

ハイパボリック コサイン

$$\cosh \theta = \frac{1}{2}(e^{\theta} + e^{-\theta}) \qquad \cosh(n\omega t) = \frac{1}{2}(e^{n\omega t} + e^{-n\omega t}) \qquad また、 \qquad \cosh 0 = 1$$

ハイパボリック タンジェント

$$\tanh \theta = \frac{e^{\theta} - e^{-\theta}}{e^{\theta} + e^{-\theta}}$$

$$\sinh^2 \theta - \cosh^2 \theta = -1$$

0.9 三角関数の微分

（a） 三角関数の微分の公式

$$(\sin \theta)' = \frac{d}{d\theta} \sin \theta = \cos \theta$$

$$(\sinh \theta)' = \frac{d}{d\theta} \sin h\, \theta = \cos h\, \theta$$

$$(\cos \theta)' = \frac{d}{d\theta} \cos \theta = -\sin \theta$$

$$(\cosh \theta)' = \frac{d}{d\theta} \cos h\, \theta = \sin h\, \theta$$

$$(\tan \theta)' = \frac{d}{d\theta} \tan \theta = \frac{1}{\cos^2 \theta}$$

0.10 サンプリング関数（sampling function）

（a） サンプリング関数の極限

sampling function ： $\dfrac{\sin \theta}{\theta}$

$$\lim_{\theta \to 0} \frac{\sin \theta}{\theta} = 1$$

$$\lim_{\theta \to \pm\infty} \frac{\sin \theta}{\theta} = 0$$

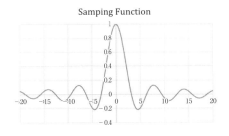

Samping Function

0.11 ラプラス変換

（a） ラプラス変換の定義式

$$F(s) = \int_0^{+\infty} e^{-st} f(t) dt \qquad 0 \leqq t < \infty$$

11

(b) ラプラス変換表

a、b は定数

tの関数	sの関数
e^{at}	$\dfrac{1}{s-a}$
$\cos at$	$\dfrac{s}{s^2+a^2}$
$\sin at$	$\dfrac{a}{s^2+a^2}$
$\cosh at$	$\dfrac{s}{s^2-a^2}$
$\sinh at$	$\dfrac{a}{s^2-a^2}$
1	$\dfrac{1}{s}$
t	$\dfrac{1}{s^2}$
t^n	$\dfrac{n!}{s^{n+1}}$
$\dfrac{1}{\sqrt{t}}$	$\sqrt{\dfrac{\pi}{s}}$

nは自然数

0.11(h)の移動法則と組み合わせて

e^{bt}倍のラプラス変換

$e^{bt}e^{at}$	$\dfrac{1}{(s-b)-a}$
$e^{bt}\cos at$	$\dfrac{s-b}{(s-b)^2+a^2}$
$e^{bt}\sin at$	$\dfrac{a}{(s-b)^2+a^2}$
$e^{bt}\cosh at$	$\dfrac{s-b}{(s-b)^2-a^2}$
$e^{bt}\sinh at$	$\dfrac{a}{(s-b)^2-a^2}$
e^{bt}	$\dfrac{1}{s-b}$
$e^{bt}\,t$	$\dfrac{1}{(s-b)^2}$
$e^{bt}\,t^n$	$\dfrac{n!}{(s-b)^{n+1}}$
$e^{bt}\dfrac{1}{\sqrt{t}}$	$\sqrt{\dfrac{\pi}{s-b}}$

ガンマ関数を使って

t倍のラプラス変換

$t\,e^{at}$	$\dfrac{1}{(s-a)^2}$
$t\cos at$	$\dfrac{s^2-a^2}{(s^2+a^2)^2}$
$t\sin at$	$\dfrac{2as}{(s^2+a^2)^2}$

$\cos^2 at$	$\dfrac{s^2+2a^2}{s(s^2+4a^2)}$
$\sin^2 at$	$\dfrac{2a^2}{s(s^2+4a^2)}$
$\cosh^2 at$	$\dfrac{s^2-2a^2}{s(s^2-4a^2)}$
$\sinh^2 at$	$\dfrac{2a^2}{s(s^2-4a^2)}$

$\cos(at+b)$	$\dfrac{s\cos b-a\sin b}{s^2+a^2}$
$\sin(at+b)$	$\dfrac{s\sin b+a\cos b}{s^2+a^2}$
$\log t$	$\dfrac{\Gamma'(1)}{s}-\dfrac{\log s}{s}$
$\dfrac{e^{at}-e^{bt}}{t}$	$\log\dfrac{s-b}{s-a}$

(c) 微分法則

$f(t)$ のラプラス変換が $F(s)$ であるとき、$s>0$ の条件で

$f'(t)$	$\Leftrightarrow$	$sF(s)-f(t=0)$
$f^{(n)}(t)$	$\Leftrightarrow$	$s^nF(s)-s^{n-1}f(t=0)-s^{n-2}f'(t=0)-\cdots-f^{(n-1)}(t=0)$

$f(t=0)$ は、$f(t)$ が $t=0$ のときの値、定数である。

←$f(t)$ の n 階微分

わかりにくいので表の形に

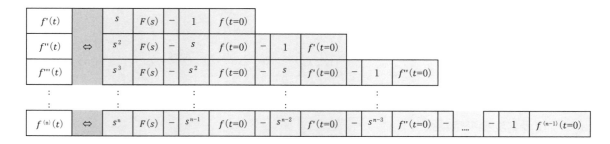

⇒ ある関数 $f(t)$ を微分してラプラス変換をすることは、もとの $f(t)$ のラプラス変換 $F(s)$ に s を掛けていくことに対応している。

(d) 積分法則 （0～t の定積分）

$f(t)$ のラプラス変換が $F(s)$ であるとき、$s > 0$ の条件で

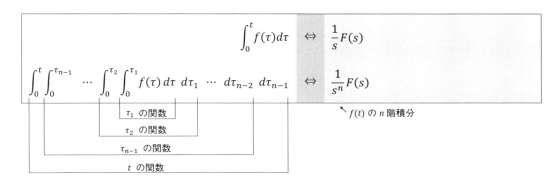

⇒ ある関数 $f(t)$ を積分してラプラス変換をすることは、もとの $f(t)$ のラプラス変換 $F(s)$ を s で割っていくことに対応している。

不定積分の積分法則もあげておく。

$$\int f(t)\,dt \quad \Leftrightarrow \quad \frac{1}{s}F(s) + \frac{1}{s}f^{(-1)}(t=0)$$

n 重積分 $\quad \iint \cdots \int f(t)\,dt \quad \Leftrightarrow \quad \frac{1}{s^n}F(s) + \frac{1}{s^n}f^{(-1)}(t=0) + \frac{1}{s^{n-1}}f^{(-2)}(t=0) + \cdots + \frac{1}{s}f^{(-n)}(t=0)$

ここで、

$$f^{(-1)}(t=0) = \left[\int f(t)\,dt \right]_{t=0}$$

n 重積分 $\quad f^{(-n)}(t=0) = \left[\iint \cdots \int f(t)\,dt \right]_{t=0}$

定積分と不定積分の積分法則の違いは、$t = 0$ の初期値が 0 か、値を持つかの差だ。定積分の場合 $\left[\int_0^t f(\tau)d\tau \right]_{t=0}$ は、明らかに 0 である。

回路を解く場合、定積分の積分法則だけで間に合うのだが、ごく稀なケース、デルタ関数 $\delta(t)$ のように $t = 0$ に偏在した値が存在する場合、$\left[\int_0^t f(\tau)d\tau \right]_{t=0}$ は 0 とは言えず、不定積分のような扱いが必要になる。

（e）" 像の " 微分法則、積分法則

像の微分法則

$$-tf(t) \quad \Leftrightarrow \quad F'(s)$$

$$(-t)^n f(t) \quad \Leftrightarrow \quad F^{(n)}(s)$$

像の積分法則

$$\frac{f(t)}{t} \quad \Leftrightarrow \quad \int_s^{+\infty} f(\sigma)\, d\sigma$$

$$\frac{f(t)}{t^n} \quad \Leftrightarrow \quad \int_s^{+\infty} \int_{\sigma_{n-1}}^{+\infty} \cdots \int_{\sigma_2}^{+\infty} \int_{\sigma_1}^{+\infty} f(\sigma)\, d\sigma \, d\sigma_1 \, \cdots \, d\sigma_{n-2} \, d\sigma_{n-1}$$

（f）線形法則

$$af(t) + bg(t) \quad \Leftrightarrow \quad aF(s) + bG(s)$$

（g）相似法則

$$f(at) \quad \Leftrightarrow \quad \frac{1}{a}F\left(\frac{s}{a}\right) \qquad a > 0$$

（h）s の関数（像関数）の移動法則

$\delta > 0$ の定数として　　　　　　　　　　　　　$\Rightarrow \delta$ の前の符号は変換前後で変わる

$$e^{-\delta t}f(t) \quad \Leftrightarrow \quad F(s + \delta)$$

$$e^{\delta t}f(t) \quad \Leftrightarrow \quad F(s - \delta)$$

（i）t の関数（原関数）の移動法則

$\delta > 0$ の定数として　　　　　　　　　　　　　$\Rightarrow \delta$ の前の符号は変換前後で同じ

$$f(t - \delta) \quad \Leftrightarrow \quad e^{-\delta s}F(s) \qquad ただし、0 \leqq t \leqq \delta の区間では、f(t - \delta) = 0 とする。$$

第二移動法則

$$f(t + \delta) \quad \Leftrightarrow \quad e^{\delta s}\left\{ F(s) - \int_0^\delta e^{-st}f(t)dt \right\}$$

0.12 ガンマ関数

（a） ガンマ関数の定義式

$$\Gamma(x) = \int_0^{+\infty} e^{-t} t^{x-1} dt$$

$$\Gamma(x+1) = x\Gamma(x)$$

$$\Gamma(1) = 1, \qquad \Gamma\left(\frac{1}{2}\right) = \sqrt{\pi}$$

$$n \text{ が自然数なら } \Gamma(n) = (n-1)!$$

0.13 デルタ関数

（a） デルタ関数の定義式

原関数を 1 とすると、そのラプラス変換後の像関数は $\frac{1}{s}$ だった。では、像関数のほうが 1 の場合、原関数は何になるのだろうか？ 像関数 1 の原関数は、$\delta(t)$：デルタ関数になる。

ディラックのデルタ関数 $\delta(t)$ は、$-\infty \sim +\infty$ の全実数の区間で定義され、$t=0$ 以外では、$\delta(t)=0$ となり、全実数区間で積分すると 1 になると定義された関数である。

$$\delta(t) = 0(t \neq 0), \qquad \int_{-\infty}^{+\infty} \delta(t) dt = 1$$

$t=0$ で有限の値を持つなら、積分値が 0 となってしまうため、$t=0$ で $\delta(t)$ は無限大の値を持つと考えるべきで右のようなイメージになる。このディラックのデルタ関数を使って、

$\delta(t)$	$\Leftrightarrow$	1

また、ヘヴィサイドの単位関数（ステップ関数）$U(t)$ の微分は $\delta(t)$ になる。

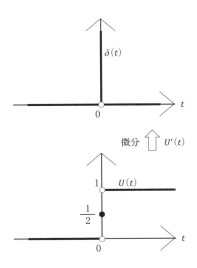

0.14 積分の公式 ※ 積分定数は省略しています。

（a） 基本的な公式

$$\int e^x \, dx = e^x$$

$$\int x^n \, dx = \frac{x^{n+1}}{n+1}$$

$$\int \frac{f'(x)}{f(x)} dx = \log|f(x)|, \qquad \int \frac{1}{x} dx = \log|x|$$

(b) 置換積分

変数 x の積分 → 変数 t の積分。$x = \mathrm{g}(t)$ の関係があるとして

$$\int f(x)\,dx = \int f\big(\mathrm{g}(t)\big)\frac{dx}{dt}\,dt$$

(c) 部分積分

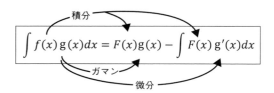

$$\int f(x)\,\mathrm{g}(x)\,dx = F(x)\,\mathrm{g}(x) - \int F(x)\,\mathrm{g}'(x)\,dx$$

例：$\log x$ の積分公式を部分積分で導出　$\log x = 1 \cdot \log x$ と考えて

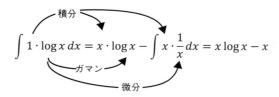

$$\int 1 \cdot \log x\,dx = x \cdot \log x - \int x \cdot \frac{1}{x}\,dx = x \log x - x$$

(d) 三角関数の積分

$$\int \cos x\,dx = \sin x$$

$(\sin x)' = \cos x$

$$\int \sin x\,dx = -\cos x$$

$(\cos x)' = -\sin x$

$$\int \tan x\,dx = -\log|\cos x|$$

$\tan x = -\dfrac{(\cos x)'}{\cos x}$, $\displaystyle\int \frac{f'(x)}{f(x)}\,dx = \log|f(x)|$ より

$$\int \frac{1}{\cos x}\,dx = \frac{1}{2}\log\frac{1+\sin x}{1-\sin x}$$

$\dfrac{1}{\cos x} = \dfrac{\cos x}{1-\sin^2 x}$, $\sin x = t$ で置換積分

$$\int \frac{1}{\sin x}\,dx = \frac{1}{2}\log\frac{1-\cos x}{1+\cos x}$$

$\dfrac{1}{\sin x} = \dfrac{\sin x}{1-\cos^2 x}$, $\cos x = t$ で置換積分

$$= \log\left|\tan\frac{x}{2}\right|$$

上記からさらに右の半角の公式を使って　$\sin^2\dfrac{x}{2} = \dfrac{1-\cos x}{2}$, $\cos^2\dfrac{x}{2} = \dfrac{1+\cos x}{2}$

$$\int \frac{1}{\tan x}\,dx = \log|\sin x|$$

$\dfrac{1}{\tan x} = \dfrac{(\sin x)'}{\sin x}$, $\displaystyle\int \frac{f'(x)}{f(x)}\,dx = \log|f(x)|$ より

$$\int \frac{1}{\cos^2 x}\,dx = \tan x$$

$\dfrac{1}{\cos^2\theta} = \tan^2\theta + 1$ と混同しないように

（e） 周期関数の積分範囲の選び方

一周 2π で積分する場合　　　　　　　　　　　　　$f(x)$ は、$\cos, \sin$ などの周期 2π で同じ値を繰り返す関数

$$\int_a^{a+2\pi} f(x)\,dx = \int_b^{b+2\pi} f(x)\,dx$$　　　一周 2π の範囲で積分するなら、どこから始めてもよい

一周期 T で積分する場合　　　$f(x)$ は、$\cos(\omega t), \sin(\omega t)$ などの周期で同じ値を繰り返す関数。ここで $t = T$[s] なら $\omega t = 2\pi$

$$\boxed{\int_a^{a+T} f(t)\,dt = \int_b^{b+T} f(t)\,dt}$$　　　一周期 T の範囲で積分するなら、どこから始めてもよい

（f） $\cos mx$,　$\sin mx$ の一周 2π（360°）の積分

　　　　　　　　　　　　　　　　　　　　　　　　　　　　（l、m：自然数）

〚**積分の前に** $\cos mx, \sin mx$ **の特徴**〛

$\cos mx\,(\sin mx)$ は、$\cos x\,(\sin x)$ に比べ、m 倍速く変化する。

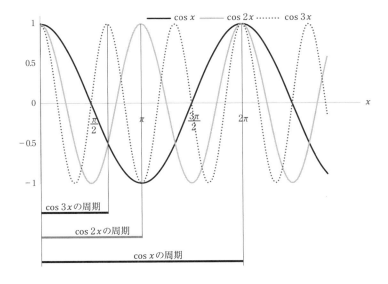

0. 公 式 集

〚$x = \pi$、2π の場合〛

$$\cos m\pi = (-1)^m$$

$$\sin m\pi = 0$$

$$\cos 2m\pi = 1$$

$$\sin 2m\pi = 0$$

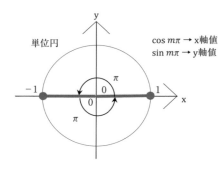

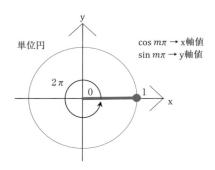

〚一周 2π（360°）の積分〛

$$\int_0^{2\pi} dx = 2\pi$$

$$\int_0^{2\pi} \cos mx\, dx = 0, \qquad \int_0^{2\pi} \sin mx\, dx = 0$$

$$\int_0^{2\pi} \cos^2 mx\, dx = \pi$$

半角の公式　　$\cos^2 mx = \dfrac{1 + \cos 2mx}{2}$　　$\displaystyle\int \cos^2 mx\, dx = \dfrac{x}{2} + \dfrac{\sin 2mx}{4m}$　　$x = 2\pi$ では後ろの項の分子、$\sin 4m\pi = 0$（自然数 × π）

$x = 0$ では後ろの項の分子、$\sin 0 = 0$

$$\int_0^{2\pi} \sin^2 mx\, dx = \pi$$

半角の公式　　$\sin^2 mx = \dfrac{1 - \cos 2mx}{2}$　　$\displaystyle\int \sin^2 mx\, dx = \dfrac{x}{2} - \dfrac{\sin 2mx}{4m}$　　$x = 2\pi$ では後ろの項の分子、$\sin 4m\pi = 0$（自然数 × π）

$x = 0$ では後ろの項の分子、$\sin 0 = 0$

$$\int_0^{2\pi} \cos lx \cdot \cos mx\, dx = \begin{cases} \pi(l=m) & l=m\, \text{なら、上記}\cos^2 mx\, \text{の積分} \\[2mm] 0(l \neq m) & \text{積和の公式}\quad \cos lx \cos mx = \frac{1}{2}\{\cos(l+m)x + \cos(l-m)x\} \end{cases}$$

$\int \cos lx \cos mx\, dx = \frac{1}{2}\left\{\frac{1}{l+m}\sin(l+m)x + \frac{1}{l-m}\sin(l-m)x\right\}$　　$x=2\pi$ では $\sin 2(l \pm m)\pi = 0$（自然数×π）

　　$x=0$ では $\sin 0 = 0$

$$\int_0^{2\pi} \sin lx \cdot \sin mx\, dx = \begin{cases} \pi(l=m) & l=m\, \text{なら、上記}\sin^2 mx\, \text{の積分} \\[2mm] 0(l \neq m) & \text{積和の公式}\quad \sin lx \sin mx = -\frac{1}{2}\{\cos(l+m)x - \cos(l-m)x\} \end{cases}$$

$\int \sin lx \sin mx\, dx = -\frac{1}{2}\left\{\frac{1}{l+m}\sin(l+m)x - \frac{1}{l-m}\sin(l-m)x\right\}$　　$x=2\pi$ では $\sin 2(l \pm m)\,\pi = 0$（自然数×π）

　　$x=0$ では $\sin 0 = 0$

$$\int_0^{2\pi} \cos lx \cdot \sin mx = 0$$

$l=m$ では、　2 倍角の公式　　$\sin 2mx = 2\sin mx \cos mx$

$\int \frac{1}{2}\sin 2mx\, dx = -\frac{\cos 2mx}{4m}$　　$x=2\pi$ では分子、$\cos 4m\pi = 1$（自然数×2π）

　　$x=0$ では分子、$\cos 0 = 1$

$l \neq m$ では、　積和の公式　　$\cos lx \sin mx = \frac{1}{2}\{\sin(l+m)x - \sin(l-m)x\}$

$\int \cos lx \sin mx\, dx = \frac{1}{2}\left\{\frac{-1}{l+m}\cos(l+m)x + \frac{1}{l-m}\cos(l-m)x\right\}$　　$x=2\pi$ では、$\cos 2\pi(l \pm m) = 1$（自然数×2π）

　　$x=0$ では、$\cos 0 = 1$

したがって

$$\int_0^{2\pi} \cos lx \sin mx\, dx = \frac{1}{2}\left(\frac{-1}{l+m} + \frac{1}{l-m} - \frac{-1}{l+m} - \frac{1}{l-m}\right) = 0$$

〚一周期 T の積分〛

　上記の角度での積分では、結果に半周を表す π が現れたが、時間で積分した場合、π が半周期 T/2 に置き換わる。

ω：角周波数　　$\omega t = \frac{2\pi}{T}t$　　　$t = T[s]$ のとき、$\omega t = 2\pi$

cos, sin など、三角関数の記号の後に続くのは角度（位相）であることに注意。ω は時間を角度に変換するために必要。

0. 公 式 集

$$\int_0^T dt = T$$

$$\boxed{\int_0^T \cos m\omega t\, dt = 0}, \qquad \boxed{\int_0^T \sin m\omega t\, dt = 0}$$

$$\int_0^T \cos 2\omega t\, dt = 0$$

$$\boxed{\int_0^T \cos^2 m\omega t\, dt = \frac{T}{2}}$$

半角の公式　　$\cos^2 m\omega t = \dfrac{1 + \cos 2m\omega t}{2}$　　$\int \cos^2 m\omega t\, dt = \dfrac{t}{2} + \dfrac{\sin 2m\omega t}{4m\omega}$　　$t = T$ では後ろの項の分子、$\sin 4m\pi = 0$（自然数 $\times \pi$）
$t = 0$ では後ろの項の分子、$\sin 0 = 0$

$$\boxed{\int_0^T \sin^2 m\omega t\, dt = \frac{T}{2}}$$

半角の公式　　$\sin^2 m\omega t = \dfrac{1 - \cos 2m\omega t}{2}$　　$\int \sin^2 m\omega t\, dt = \dfrac{t}{2} - \dfrac{\sin 2m\omega t}{4m\omega}$　　$t = T$ では後ろの項の分子、$\sin 4m\pi = 0$（自然数 $\times \pi$）
$t = 0$ では後ろの項の分子、$\sin 0 = 0$

$$\boxed{\int_0^T \cos l\omega t \cdot \cos m\omega t\, dt = \begin{cases} \dfrac{T}{2}\,(l = m) \\[2mm] 0\,(l \neq m) \end{cases}}$$

$l = m$ なら、上記 $\cos^2 m\omega t$ の積分

積和の公式　　$\cos l\omega t \cos m\omega t = \dfrac{1}{2}\{\cos(l+m)\omega t + \cos(l-m)\omega t\}$

$\int \cos l\omega t \cos m\omega t\, dt = \dfrac{1}{2}\left\{\dfrac{1}{(l+m)\omega}\sin(l+m)\omega t + \dfrac{1}{(l-m)\omega}\sin(l-m)\omega t\right\}$　　$t = T$ では $\sin 2(l \pm m)\,\pi = 0$（自然数 $\times \pi$）
$t = 0$ では $\sin 0 = 0$

$$\boxed{\int_0^T \sin l\omega t \cdot \sin m\omega t\, dt = \begin{cases} \dfrac{T}{2}\,(l = m) \\[2mm] 0\,(l \neq m) \end{cases}}$$

$l = m$ なら、上記 $\sin^2 m\omega t$ の積分

積和の公式　　$\sin l\omega t \sin m\omega t = -\dfrac{1}{2}\{\cos(l+m)\omega t - \cos(l-m)\omega t\}$

$\int \sin l\omega t \sin m\omega t\, dt = -\dfrac{1}{2}\left\{\dfrac{1}{(l+m)\omega}\sin(l+m)\omega t - \dfrac{1}{(l-m)\omega}\sin(l-m)\omega t\right\}$　　$t = T$ では $\sin 2(l \pm m)\,\pi = 0$（自然数 $\times \pi$）
$t = 0$ では $\sin 0 = 0$

$$\int_0^T \cos lx \cdot \sin mx = 0$$

$l = m$ では、2倍角の公式　$\sin 2m\omega t = 2\sin m\omega t \cos m\omega t$

$$\int \frac{1}{2}\sin 2m\omega t\, dt = -\frac{\cos 2m\omega t}{4m\omega}$$
　　　　$t = T$ では分子、$\cos 4m\pi = 1$（自然数 × 2π）
　　　　$t = 0$ では分子、$\cos 0 = 1$

$l \neq m$ では、積和の公式　$\cos l\omega t \sin m\omega t = \frac{1}{2}\{\sin(l+m)\omega t - \sin(l-m)\omega t\}$

$$\int \cos l\omega t \sin m\omega t\, dt = \frac{1}{2}\left\{\frac{-1}{(l+m)\omega}\cos(l+m)\omega t + \frac{1}{(l-m)\omega}\cos(l-m)\omega t\right\}$$
　　　　$t = T$ では $\cos 2\pi(l \pm m) = 1$（自然数 × 2π）
　　　　$t = 0$ では $\cos 0 = 1$

したがって

$$\int_0^T \cos l\omega t \sin m\omega t\, dt = \frac{1}{2\omega}\left(\frac{-1}{l+m} + \frac{1}{l-m} - \frac{-1}{l+m} - \frac{1}{l-m}\right) = 0$$

(g) $\dfrac{\square}{(\quad)^2}$ の積分

$\dfrac{\square}{(\quad)^2}$ の形の積分の一部は、分数関数の微分の式から簡単に導ける。

$$\int \frac{1}{(x+1)^2}\,dx = \frac{x}{x+1} \qquad\qquad \int \frac{-1}{(x+1)^2}\,dx = \frac{1}{x+1}$$

$$\int \frac{2x}{(x^2+1)^2}\,dx = \frac{x^2}{x^2+1} \qquad\qquad \int \frac{-2x}{(x^2+1)^2}\,dx = \frac{1}{x^2+1}$$

$$\int \frac{3x}{(x^3+1)^2}\,dx = \frac{x^3}{x^3+1} \qquad\qquad \int \frac{-3x}{(x^3+1)^2}\,dx = \frac{1}{x^3+1}$$

1. フーリエ級数

　信号の特徴を分析したり、先の状態を予想するのに大変有効な方法として、フーリエ級数・フーリエ変換による解析があります。

　フーリエ級数を使った解析のイメージは、レストランで食べた印象的な料理を身近な材料や調理器具で再現しようとすることに似ているかもしれません。使い慣れた材料や道具なら、でき上がりの予想も難しくはありませんし、もしかすると、レストランの味の意外な秘密に気づくことも期待できるかもしれません。フーリエ級数を使った解析は、解析したい信号（レストランの料理）をいくつかの馴染みの関数の足し合せ（身近な材料や調理器具の組み合わせ）でコピーを作り、元の信号ではなく、そのコピーのほう（自力で作った料理）を考察する方法と言えます。コピーした信号に、馴染みの信号がどんな比率で含まれているのか？でオリジナルの信号の特徴を知り、また、コピーした信号に含まれる馴染みの信号をそれぞれ変化させ、再度足し合わせて次の信号の状態を予想する。こういったやり方がフーリエ級数・フーリエ変換を使った解析の基本と言えます。

　コピーするための関数（信号）の選び方で、解析するコピーがオリジナルの信号と似ていなかったり、知りたい情報がうまくコピーできなかったりする可能性があるわけですが、いくつかの関数の組み合わせは、オリジナルの信号を完璧にコピーできることがわかっています。完全なコピーを作ることができ、しかも、解析に大変都合がよい sin、cos とその周波数違いを組み合わせで作る関数が、この本で扱うフーリエ級数です（フーリエ級数自体は sin、cos の足し合わせに限定されるものではありません）。

1.1 フーリエ級数の式

(a) フーリエ級数

フーリエ級数が何なのかをまず説明しようと思います。冒頭で、解析したいオリジナルの信号を別の（馴染みの）信号の足し合わせとしてコピーすると書きました。そのオリジナルの信号を $s(t)$、コピー後の信号を $f(t)$ とします。どちらも時間 t の関数であることに注意しましょう。$f(t)$ のほうはいくつかの信号を足し合わせて作ります（ですから級数です）。$f(t)$ を構成している個々の信号を $g_n(t):n=0,1,2,\cdots$ とし、足し合わせる比率を係数 Cn とします。つまり、

$$f(t) = C_0 g_0(t) + C_1 g_1(t) + C_2 g_2(t) + C_3 g_3(t) + \cdots \qquad (t_0 \leqq t < t_0 + T) \tag{1-1}$$

です。$g_n(t)$ に都合のよいものを選び、$f(t)$ をオリジナルの信号 $s(t)$ に近づける（できれば一致させる）ために、最適な C_n を順に計算していく過程を、$s(t)$ を"フーリエ級数に展開する"と言います。

さて、フーリエ級数に展開（$s(t)$ を $f(t)$ の形にコピー）したとして、それがうまくできたかを判断するにはどうすればよいでしょう？ 簡単な方法はオリジナル信号とコピーした信号の差、$s(t)-f(t)$ が十分小さいことを確認することです。これ以降、$s(t)$ を周期 $T[s]$ の周期関数として考えます。適当な時間 $t_0[s]$ から 1 周期（$t_0[s] \sim t_0 + T[s]$）の間でコピーがうまくいっていることを確認できれば、$s(t)$ はその繰り返しですので全ての時間について、この期間の解析結果が使えるわけです。$s(t)-f(t)$ は時間 t によって値が異なるので、コピーが全体としてうまくいっているかの判断には、T 期間についてこの値の"平均"を最小にすることを考えます。平均なので $t_0 \sim t_0 + T$ までの各 $s(t)-f(t)$ を足し合わせて時間 T で割ります。足し合わせは積分で表せるので、$s(t)-f(t)$ の T 期間の平均は、

$$\frac{1}{T}\int_{t_0}^{t_0+T}\{s(t)-f(t)\}dt = \frac{1}{T}\int_0^T\{s(t)-f(t)\}dt \tag{1-2}$$

となります。積分後に t_0 を代入した値は打ち消されるので、積分期間は $0 \sim T$ としても同じです。式 (1-2) の積分は図でイメージするならば（**図 1-1**）です。これを使ってコピーの良し悪しを判断したいのですが、しかしこのままでは問題があります。それは、$f(t)$ が $s(t)$ より大きくなる場合です（**図 1-2**）。

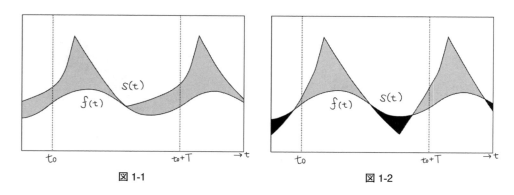

図 1-1　　　　　　　　　　　　　　図 1-2

そのような期間では $s(t)-f(t)$ がマイナスになるので、別の時間の差分を打ち消し、あたかも $f(t)$ が

$s(t)$ に近づいたように誤解してしまいます。$s(t) - f(t)$ はプラスであってもマイナスであっても、差が存在することに違いはありません。こういう場合の常套手段は 2 乗平均です。一度 2 乗してマイナスを消し、この 2 乗したもので平均を計算し、最後に$\sqrt{}$をとります。

$$\sqrt{\frac{1}{T} \int_0^T \{s(t) - f(t)\}^2 \, dt} \tag{1-3}$$

結局、上式が十分小さければよく、ゼロであれば $s(t)$ と $f(t)$ は完全に一致していると言えます。

さて、$f(t)$ は式 (1-1) でした。やりたいことは、最適な C_n を順に計算していき、式 (1-3) を最小（できればゼロ）にすることです。例えば C_2 を計算する場合を考えましょう。C_2 の値を変えていって式 (1-3) が最小となる C_2 を選びたいのですが、これは式 (1-3) を C_2 の関数とみて、式 (1-3) が最小値となる C_2 を求めることに等しい。つまりで式 (1-3) を C_2 で微分してそれがゼロとなる C_2 を計算すればよいわけです。したがいまして、

$$\frac{\partial}{\partial C_2} \sqrt{\frac{1}{T} \int_0^T \{s(t) - f(t)\}^2 \, dt} = 0 \tag{1-4}$$

が式 (1-3) を最小にする C_2 を決める式になります。

※ 偏微分をおさらいしましょう。式 (1-3) には C_2 以外にも、C_0、C_1、C_3 など変数の候補がたくさんあります。ほかの変数の候補が C_2 に直接影響を与えない前提で C_2 を変数に選び、ほかの変数の候補を定数とみなして微分することを偏微分といい、それを明示するために記号 ∂ を使います。

式 (1-4) の微分を行うと、$\sqrt{}$つまり 1/2 乗が $-$ 1/2 乗となり、その式に$\sqrt{}$の中の式を微分したものを掛けることになるので、結局、式 (1-4) の条件は$\sqrt{}$の中の式を C_2 での微分したものが 0 であればよいということになります。

$$\frac{\partial}{\partial C_2} \frac{1}{T} \int_0^T \{s(t) - f(t)\}^2 \, dt = \frac{\partial}{\partial C_2} \frac{1}{T} \int_0^T \{s^2(t) - 2s(t)f(t) + f^2(t)\} \, dt = 0 \tag{1-5}$$

ここで、式 (1-5) の積分の中の各項を順番にみていきましょう。

まず始めの項は、

$$\frac{\partial}{\partial C_2} \frac{1}{T} \int_0^T s^2(t) dt \to 0 \tag{1-5a}$$

オリジナルの信号である $s(t)$ に C_2 は含まれていません。当然 $s(t)$ を 2 乗して積分したものにも C_2 は含まれないので、C_2 で微分すれば、この項はゼロです。

次の項は $f(t)$ を含みます。$f(t)$ は式 (1-1) でした。

$$\frac{\partial}{\partial C_2}\frac{-2}{T}\int_0^T f(t)s(t)dt$$

$$=\frac{\partial}{\partial C_2}\frac{-2}{T}\int_0^T \{C_0 g_0(t)s(t)+C_1 g_1(t)s(t)+C_2 g_2(t)s(t)+C_3 g_3(t)s(t)+\cdots\}dt \qquad (1\text{-}5\text{b})$$

$$=\frac{\partial}{\partial C_2}\frac{-2}{T}\int_0^T C_2 g_2(t)s(t)dt$$

　積分の中身をみると、今変数として扱っている C_2 があるのは $C_2 g_2(t)s(t)$ だけで、残りは C_2 にとっては定数です。定数とみなせるこれらの項は C_2 で微分すればゼロになるので、式 (1-5b) の最後の式となります。

　やっかいなのは、式 (1-5) の 3 番目の項です。積分の中身は $f^2(t)$ で、$f(t)$ は式 (1-1) で表されるので多項式の 2 乗になってしまいます。まず、項が四つの場合の 2 乗が、

$$(a+b+c+d)^2=a^2+b^2+c^2+d^2+2(ab+ac+ad+bc+bd+cd)$$

であることを参考に、式 (1-5) の 3 番目の項を複数行に分けて書き表します。

$$\frac{\partial}{\partial C_2}\frac{1}{T}\int_0^T f^2(t)dt$$

$$=\quad \frac{\partial}{\partial C_2}\frac{1}{T}\int_0^T \{C_0{}^2 g_0{}^2(t)+C_1{}^2 g_1{}^2(t)+C_2{}^2 g_2{}^2(t)+C_3{}^2 g_3{}^2(t)+\cdots\}dt$$

$$+\frac{\partial}{\partial C_2}\frac{2}{T}\int_0^T \{C_0 g_0(t)C_1 g_1(t)+C_0 g_0(t)C_2 g_2(t)+C_0 g_0(t)C_3 g_3(t)+C_0 g_0(t)C_4 g_4(t)+\cdots\}dt \qquad (1\text{-}5\text{c})$$

$$+\frac{\partial}{\partial C_2}\frac{2}{T}\int_0^T \{C_1 g_1(t)C_2 g_2(t)+C_1 g_1(t)C_3 g_3(t)+C_1 g_1(t)C_4 g_4(t)+\cdots\}dt$$

$$+\frac{\partial}{\partial C_2}\frac{2}{T}\int_0^T \{C_2 g_2(t)C_3 g_3(t)+C_2 g_2(t)C_4 g_4(t)+\cdots\}dt$$

$$\vdots$$

　右辺 1 行目は、式 (1-5b) と同じ考え方で変数 C_2 を持つ

$$\frac{\partial}{\partial C_2}\frac{1}{T}\int_0^T C_2{}^2 g_2{}^2(t)dt \qquad (1\text{-}6)$$

のみが残ります。

　そして面倒そうな右辺の 2 行目以降ですが、これを全てゼロにする方法があります。

　右辺 2 行目以降の積分の中身の特徴は何でしょう？　関数 $g_n(t)$ に注目すると、各項は添え字が異なる

二つの $g_n(t)$ の掛け算になっています。$g_l(t)g_m(t)$、$l \neq m$ の形です。添え字が同じ場合（$l = m$）はすでに 1 行目に書かれているので当然です。右辺 2 行目以降をゼロにするには、$l \neq m$ のとき $g_l(t)g_m(t) = 0$ になる関数 $g_n(t)$ を探してくればよいわけです。$g_l(t)g_m(t) = 0$ が無理でも、$g_l(t)g_m(t)$ を $0 \sim T$ で積分した値がゼロになる下記のような関数 $g_n(t)$ があれば式 (1-5c) の右辺 2 行目以降をゼロにできます。

$$\int_0^T g_l(t)g_m(t)dt = 0 \qquad\qquad (l \neq m)$$

$$\int_0^T g_l(t)g_m(t)dt = \int_0^T g_l{}^2(t)dt = 定数 \qquad (l = m)$$

$$(1\text{-}7)$$

$l = m$ の場合は 0 にならなかったとしてもかまいません。ただ、定積分ですので定数になるはずです。

　式 (1-7) の左辺のように、関数と関数を掛け合わせて積分する操作を、ベクトルの直交関係を確かめる演算と同じく、内積と呼びます。式 (1-7) のように異なる関数間の内積が 0 で、関数自身の内積が定数である場合、やはりベクトルと同様に直交していると言い、$g_n(t) : n = 0,1,2,\cdots$ は直交関数からなる集合であると言います。

　直交関数からなる $g_n(t)$ を探してくれば式 (1-7) から、式 (1-5c) の右辺の 2 行目以降がゼロになることがわかりました。が、そんな都合のよい関数があるのでしょうか？　実は、この本の主役と言うべき、$\cos(n\omega t)$、$\sin(n\omega t) : \omega$ は角周波数、がその都合のよい関数なのです。公式にも上げていますが、$\cos(n\omega t)$、$\sin(n\omega t)$ からなる集合は直交関係にあることが下記からわかります。

$$\int_0^T \cos(l\omega t)\cos(m\omega t)\,dt = \begin{cases} 0 & (l \neq m) \\ \dfrac{T}{2} & (l = m) \end{cases}$$

$$\int_0^T \sin(l\omega t)\sin(m\omega t)\,dt = \begin{cases} 0 & (l \neq m) \\ \dfrac{T}{2} & (l = m) \end{cases} \qquad l,m : 自然数 \qquad (1\text{-}8)$$

$$\int_0^T \cos(l\omega t)\sin(m\omega t)\,dt = \begin{cases} 0 & (l \neq m) \\ 0 & (l = m) \end{cases} = 0$$

　上記では l と m は自然数ですが、l または m がゼロの場合について計算すると、$l = m$（両方ゼロ）のときは式 (1-8) と異なる定数となりますが、$l \neq m$ の場合の値はゼロです。つまり、$n = 0,1,2,\cdots$ について、$\cos(n\omega t)$、$\sin(n\omega t)$ は直交関数からなる集合であると言えます。

　この本の三角フーリエ級数では必要ありませんが、l または m にマイナス掛けても式 (1-8) は成り立ちますので、$\cos(n\omega t)$、$\sin(n\omega t)$ の集合は、n を整数としても直交関数からなる集合です。

※ ちなみに、関数自身の内積の結果を定数、式 (1-8) の例では $T/2$ のままにせず、両辺を定数で割り、関数自身の内積が常に 1 になるように元の関数を選ぶことを正規化すると言い、そうしてできる $g_n(t)$ を正規直交関数と呼びます。式 (1-8) の例では、n を自然数として、$\cos(n\omega t)$、$\sin(n\omega t)$ それぞれに $\sqrt{2/T}$ を掛けたものを $g_n(t)$ とすれば、ただの直交関数から正規直交関数に変わります。

$g_n(t)$ として、$\sin(n\omega t)$、$\cos(n\omega t)$ のような式 (1-7) を満たす関数を選べば、式 (1-5c) の右辺の 2 行目以降をゼロにできることがわかりました。

さて、この項 1.1（a）フーリエ級数の目的を思い出しましょう。$s(t)$ をコピーした式 (1-1)

$$f(t) = C_0\, g_0(t) + C_1\, g_1(t) + C_2\, g_2(t) + C_3\, g_3(t) + \cdots \qquad (t_0 \leqq t < t_0 + T) \tag{1-1}$$

で表される $f(t)$ の C_n の最適値を計算することでした。C_2 を例として考えています。ここまでに、式 (1-5)

$$\frac{\partial}{\partial C_2}\frac{1}{T}\int_0^T \{s(t) - f(t)\}^2\, dt = \frac{\partial}{\partial C_2}\frac{1}{T}\int_0^T \{s^2(t) - 2s(t)f(t) + f^2(t)\}\, dt \; = 0 \tag{1-5}$$

の積分の中身について全て確認が終わりました。積分の中身で最後まで残ったのは、式 (1-5b) の最後の式と、式 (1-6) です。結局、式 (1-5) は、

$$\frac{\partial}{\partial C_2}\frac{1}{T}\int_0^T \{s(t) - f(t)\}^2 dt = \frac{\partial}{\partial C_2}\frac{1}{T}\int_0^T \{-2C_2\, g_2(t)s(t) + C_2{}^2\, g_2{}^2(t)\} dt \; = 0 \tag{1-9}$$

まで簡略化されました。もう一歩です。次に、この式の積分の中身を先に C_2 で微分すると、

$$\frac{1}{T}\int_0^T \{-2\, g_2(t)s(t) + 2C_2\, g_2{}^2(t)\} dt \; = 0 \tag{1-10}$$

積分を分けて、一方を移項すると、

$$\frac{2}{T}\int_0^T g_2(t)s(t) dt = \frac{2}{T} C_2 \int_0^T g_2{}^2(t) dt \tag{1-11}$$

C_2 を求めると、

$$C_2 = \frac{\int_0^T s(t)\, g_2(t) dt}{\int_0^T g_2{}^2(t)\, dt} \tag{1-12}$$

です。やっと最適 C_2 の式が導けました。C_2 以外の式 (1-1) の係数も、上式の添え字を 2 から求めたいものに変えて計算すれば、全ての $C_n : n = 0,1,2,\cdots$ が計算できるわけです。

さて、ここまできたら $s(t)$ と $f(t)$ を完全に一致（式 (1-3) をゼロに）させるところまでいきたいものです。$f(t)$ の各項の係数 C_n を計算しつつ、$s(t)$ との差を埋めるために式 (1-1) の項数を無限に増やしていけば、いずれ $s(t)$ と一致する、と皆さんも期待されているかと思います。実際、$g_n(t)$ をうまく選べば、$f(t)$ のような無限級数が任意の関数 $s(t)$ に収束（極限で一致）することが証明されています。このとき、関数の集合 $g_n(t) : n = 0,1,2,\cdots$ は完全系である、と言います。

この完全性と、すでに説明した異なる関数どうしを掛けて 1 周期で積分するとゼロになる直交性、の両方の特徴を持つ関数の集合を使えば、周期 0〜T の区間で、任意の関数 $s(t)$ を、式 (1-1) の $f(t)$ の形で表した完全なコピーを作ることができます。代表例はやはり、$\cos(n\omega t)$、$\sin(n\omega t)$：ω は角周波数、$n = 0$,

$1, 2, \cdots$ の集合です。$n = 0$ の場合、$\cos(n\omega t) = 1$、$\sin(n\omega t) = 0$ ですので、

$$1、\cos(n\omega t)、\sin(n\omega t)　：\omega は角周波数、n=1, 2, 3, \cdots 自然数$$

と書き表すこともできます。もう少し具体的に書くと、

$$1、\cos(1\omega t)、\cos(2\omega t)、\cos(3\omega t)、\cdots、\sin(1\omega t)、\sin(2\omega t)、\sin(3\omega t)、\cdots$$

です。これらの関数の大きさを調整して（各関数に掛ける定数を変えて）足し合わせることでコピー$f(t)$ を作ります。コピーしたい対象の $s(t)$ が、たまたま $\cos(n\omega t)$ の足し合わせのみで完全なコピーができる場合もあるかもしれませんが、$s(t)$ によっては、上記の無限個の関数のうち、一つでも欠けると完全なコピーにならない場合も考えられます。逆に言うと、上記の無限個の関数が全て使えるのであれば完全系ですので、どんな $s(t)$ に対しても万能です。

※　元の信号が不連続な部分を持つ場合、その不連続な点だけは一致させることができません。詳しくは「ギブズ（Gibbs）の現象」で調べてみてください。

　この本の解説では必要としませんが、直交系がすでに説明した正規直交系の場合、完全性も備えていれば、"完全正規直交系" と呼びます。三角関数の場合、

$$\sqrt{\frac{1}{T}}, \quad \sqrt{\frac{2}{T}}\cos(n\omega t), \quad \sqrt{\frac{2}{T}}\sin(n\omega t) \tag{1-13}$$

などが、これにあたります。

（b）三角フーリエ級数

まずは前項 1.1(a) の結果をまとめましょう。

周期 $t_0 \sim t_0+T$[s] の期間で、直交関数であり、完全系である信号 $g_n(t)$：$n = 0, 1, 2, \cdots$ を使えば、どんな信号であろうと、

$$f(t) = C_0\,g_0(t) + C_1\,g_1(t) + C_2\,g_2(t) + C_3\,g_3(t) + \cdots \qquad (t_0 \leqq t < t_0 + T) \qquad (1\text{-}14)$$

の無限級数の形にフーリエ級数展開できて、上式の各係数 C_n は、

$$C_n = \frac{\int_0^T s(t)\,g_n(t)dt}{\int_0^T g_n{}^2(t)\,dt} \qquad\qquad (1\text{-}15)$$

で計算できる、でした。

ここからは信号 $g_n(t)$ としての資格を持った、$\cos(n\omega t)$、$\sin(n\omega t)$：ω は角周波数、$n = 0,1,2,\cdots$ を使って $f(t)$ を書き換えます。まずは $g_n(t)$ を三角関数に書き換えましょう。

$\cos(n\omega t)$ を $g_n(t)$ として、式 (1-14) を具体的に記述してみます。n が異なる（つまり角周波数 $n\omega$ が異なる）$\cos$ 信号それぞれに係数を掛けて足し合わせることになるので、係数を a_n として、$\cos$ の級数の形をした

$$a_0\sin0\omega t + a_1\sin1\omega t + a_2\sin2\omega t + a_3\sin3\omega t + \ldots$$

が、まずは $f(t)$ の構成要素となります。$\sin(n\omega t)$ も $\cos(n\omega t)$ と同じ級数の形ですが、$\sin(n\omega t)$ と $\cos(n\omega t)$ の係数を区別するために、係数を b_n と書くことにします。

$$b_0\sin0\omega t + b_1\sin1\omega t + b_2\sin2\omega t + b_3\sin3\omega t + \ldots$$

も $f(t)$ の構成要素です。ここで、$\cos 0\omega t = 1$、$\sin 0\omega t = 0$ ですので $f(t)$ は、

$$\begin{aligned}f(t) = a_0 &+ a_1\cos(1\omega t) + a_2\cos(2\omega t) + a_3\cos(3\omega t) + \cdots \\ &+ b_1\sin(1\omega t) + b_2\,\sin(2\omega t) + b_3\,\sin(3\omega t) + \cdots \quad (t_0 \leqq t < t_0 + T)\end{aligned} \qquad (1\text{-}16)$$

と書けます。これを Σ を使って書き表すと結局、

$$f(t) = a_0 + \sum_{n=1}^{\infty}(a_n\cos\,n\omega t + b_n\sin\,n\omega t) \qquad (t_0 \leqq t < t_0 + T) \qquad (1\text{-}17)$$

となります。次は係数 a_0、a_n、b_n を求める式です。式 (1-15) を使いますが解析対象の信号 $s(t)$ はこの時点では未知とします。a_0 は、

$$a_0 = \frac{\int_0^T s(t)\cos(0)dt}{\int_0^T \cos^2(0)\,dt} \;\; = \;\; \frac{\int_0^T s(t)dt}{T} \qquad (1\text{-}18)$$

です。a_n、b_n は、$\cos^2(n\omega t)$、$\sin^2(n\omega t)$ がどちらも 1 周期で積分すれば、$T/2$ となる（公式 0.14(f) 一周

期 T の積分）ことから、

$$a_n = \frac{\int_0^T s(t)\cos\ n\omega t\,dt}{\int_0^T \cos^2 n\omega t\,dt} \ \ = \frac{2}{T}\int_0^T s(t)\cos\ n\omega t\,dt$$

$$b_n = \frac{\int_0^T s(t)\sin\ n\omega t\,dt}{\int_0^T \sin^2 n\omega t\,dt} \ \ = \frac{2}{T}\int_0^T s(t)\sin\ n\omega t\,dt$$

(1-19)

となります。導けました。まとめると下記が 1、$\cos(n\omega t)$、$\sin(n\omega t)$：ω は角周波数、$n=1,2,3,\cdots$ 自然数を使って、解析対象の式 $s(t)$ を完全コピーするための、三角フーリエ級数を表しています。

$$f(t) = a_0 + \sum_{n=1}^{\infty}(a_n\cos\ n\omega t + b_n\sin\ n\omega t) \qquad (t_0 \leqq t < t_0+T)$$

$$a_0 = \frac{1}{T}\int_0^T s(t)\,dt、\quad a_n = \frac{2}{T}\int_0^T s(t)\cos\ n\omega t\,dt \quad (n=1,2,3,\cdots 自然数)$$

$$b_n = \frac{2}{T}\int_0^T s(t)\sin\ n\omega t\,dt \quad (n=1,2,3,\cdots 自然数)$$

(1-20)

※ 式 (1-20) の $f(t)$ の式の第一項を a_0 ではなく、$a_0/2$ と表す本もあります。これは、係数を計算する式を 3 種類でなく 2 種類にまとめる表し方です。式 (1-20) のように a_0、a_n、b_n に別々の計算式を使った表現では、a_n と b_n は、n：自然数、を前提としています。もし、$n=0$ を許して、式 (1-20) の a_n と b_n の計算式から a_0 を求めた場合（b_n はゼロと計算される）、その左に記載した a_0 の 2 倍になってしまいます。もちろん正しい値は、定義式 (1-15) から導いた、式 (1-20) に記載した a_0 です。このことから、$n=0$ を許して、式 (1-20) の係数の計算式を a_n と b_n の 2 種類だけと考える場合は、計算される a_0 を 2 で割ってから式 $f(t)$ の式に入れるべきで、つまり $f(t)$ の式の a_0 が $a_0/2$ に入れ替わった記述方法になります。
ここで説明した式の記述方法の違いや、積分範囲の書き方、時間と位相（角度）のどちらの関数として表現するかなど、いろいろな式の書き方があることも、皆さんがフーリエ級数を敬遠する原因だと思います。

最後に直交性を確認しておきたいと思います。完全性の証明はこの本では行いません。三角フーリエ級数を構成する関数は、1、$\cos(n\omega t)$、$\sin(n\omega t)$：ω は角周波数、$n=1,2,3,\cdots$ 自然数、でした。$\cos(n\omega t)$、$\sin(n\omega t)$ の直交性は前項 1.1(a) で確認済です。再度、内積の計算結果を示します。

$$\int_0^T \cos(l\omega t)\cos(m\omega t)\,dt \ = \begin{cases} 0 & (l \neq m) \\ \dfrac{T}{2} & (l = m) \end{cases}$$

$$\int_0^T \sin(l\omega t)\sin(m\omega t)\,dt \ = \begin{cases} 0 & (l \neq m) \\ \dfrac{T}{2} & (l = m) \end{cases} \qquad l, m：自然数$$

(1-21)

$$\int_0^T \cos(l\omega t)\sin(m\omega t)\,dt \ = \begin{cases} 0 & (l \neq m) \\ 0 & (l = m) \end{cases} = 0$$

上記に加え、1 との内積も確認します。公式（公式 0.14 (f) 一周期 T の積分）を使います。

$$\int_0^T 1 \cdot \cos(l\omega t)\,dt = \int_0^T \cos(l\omega t)\,dt = 0$$

$$\int_0^T 1 \cdot \sin(l\omega t)\,dt = \int_0^T \sin(l\omega t)\,dt = 0 \qquad\qquad l:自然数 \qquad (1\text{-}22)$$

$$\int_0^T 1 \cdot 1\,dt = T$$

以上、異なる関数間の内積はゼロです。周期 $t_0 \sim t_0 + T[s]$ の期間で（公式 0.14(e) から、積分範囲は 0 ～T にできる）1、$\cos(n\omega t)$、$\sin(n\omega t)$：ω は角周波数、$n=1, 2, 3, \cdots$自然数、は直交関数からなる集合であることが確認できました。

(c) 複素形フーリエ級数（指数フーリエ級数）

解説を読むのはほどほどにして、早く実際にフーリエ級数展開をやってみたいと思われる方も多いと思いますが、複素形フーリエ級数の説明はさせてください。三角フーリエ級数と本質的には同じものですが、こちらのほうが計算が楽な場合もありますし、負の周波数について考えるのにも役立ちます。

いきなりですが結果を示します。前項の三角フーリエ級数 式 (1-20) に対応する複素形フーリエ級数の式は以下です。

$$f(t) = \sum_{m=-\infty}^{\infty} C_m\, e^{j m\omega t} \qquad (t_0 \leqq t < t_0 + T)$$

$$c_m = \frac{1}{T}\int_0^T s(t)\, e^{-j m\omega t}\,dt \qquad (m = 0,\ \pm 1,\ \pm 2,\ \pm 3,\ \cdots) \qquad (1\text{-}23)$$

ここで、e はネイピア数、j は虚数単位です。

三角フーリエ級数と比較しましょう。 無限級数 Σ の範囲が 1 から始まるのではなく、負や 0 を含めた $-\infty \sim \infty$ の全整数（整数を m と置くことにします）に変わりました。係数 C_m の m の範囲も同じく、$m=0, \pm 1, \pm 2, \pm 3, \cdots$に変わっていることに注意してください。

式 (1-23) の $f(t)$ を Σ を使わずに書くと、

$$\begin{aligned} f(t) = {}& C_1\, e^{j 1\omega t} + C_2\, e^{j 2\omega t} + C_3\, e^{j 3\omega t} + C_4\, e^{j 4\omega t} + \cdots \\ &+ C_0 \\ &+ C_{-1}\, e^{-j 1\omega t} + C_{-2}\, e^{-j 2\omega t} + C_{-3}\, e^{-j 3\omega t} + C_{-4}\, e^{-j 4\omega t} + \cdots \end{aligned} \qquad (1\text{-}24)$$

となります。上式を整数 m ではなく、自然数 n を使って Σ の式の形に戻すと、

$$\begin{aligned} f(t) = {}& \sum_{n=1}^{\infty} C_n\, e^{j n\omega t} \\ &+ C_0 \end{aligned} \qquad (1\text{-}25)$$

$$+ \sum_{n=1}^{\infty} C_{-n} \, e^{-j\,n\omega t} \qquad (t_0 \leqq t < t_0 + T) \qquad (n = 1,2,3,\cdots 自然数)$$

です。三角フーリエ級数では、直交性と完全性を持った信号 $g_n(t)$ に、1、$\cos(n\omega t)$、$\sin(n\omega t)$ が使われていました。複素形フーリエ級数ではこれらに替わって、1（係数は C_0）、$e^{j\,n\omega t}$、$e^{-j\,n\omega t}$ を使ってフーリエ級数が表されています。

三角フーリエ級数を複素形フーリエ級数に置き換えた場合の係数が式 (1-23) の C_m（自然数 n を使えば、$C_{\pm n}$ と C_0）になることを確かめてみましょう。係数 C_m の場合も定義式は前項の式 (1-15) です。オイラーの公式から、$e^{j\,n\omega t}$、$e^{-j\,n\omega t}$ は複素数です。すると当然 $g_n(t)$ は複素数になるので、分母の自分自身の内積は共役どうしを掛けることになります。分母に対応して分子の $s(t)$ に掛ける $g_n(t)$ も元の関数の共役になります。

$$c_{\pm n} = \frac{\int_0^T s(t) \times \left(e^{\pm j\,n\omega t} \right)^* dt}{\int_0^T \left(e^{\pm j\,n\omega t} \right) \times \left(e^{\pm j\,n\omega t} \right)^* dt} = \frac{\int_0^T s(t) \, e^{\mp j\,n\omega t} dt}{\int_0^T e^{\pm j\,n\omega t} \, e^{\mp j\,n\omega t} dt} = \frac{\int_0^T s(t) \, e^{\mp j\,n\omega t} dt}{T}$$
$$（複合同順）\quad (1\text{-}26)$$

$$c_0 = \frac{\int_0^T s(t) \times 1 \, dt}{\int_0^T 1 \, dt} = \frac{\int_0^T s(t) \, dt}{T}$$

これらは、整数 m を使って式 (1-23) の係数 C_m にまとめることができますが、これ以降は、整数 $m = 0, \pm 1, \pm 2, \pm 3, \cdots$ ではなく、自然数 $n = 1, 2, 3, \cdots$ と 0 を使って表した

$$f(t) = \sum_{n=1}^{\infty} C_{-n} \, e^{-j\,n\omega t} + C_0 + \sum_{n=1}^{\infty} C_n \, e^{j\,n\omega t}$$
$$c_{-n} = \frac{1}{T} \int_0^T s(t) \, e^{j\,n\omega t} dt, \quad c_0 = \frac{1}{T} \int_0^T s(t) \, dt, \quad c_n = \frac{1}{T} \int_0^T s(t) \, e^{-j\,n\omega t} dt \qquad (1\text{-}27)$$
$$(t_0 \leqq t < t_0 + T) \qquad (n = 1,2,3,\cdots 自然数)$$

を使うことにします。

複素形フーリエ級数は、三角フーリエ級数と本質的に同じだと書きました。片方がわかれば、もう一方に書き換えるのは簡単です。係数 c_0、$C_{\pm n}$ と、係数 a_0、a_n、b_n の変換をやってみましょう。まず c_0 と a_0 は同じ計算式なので、$c_0 = a_0$ です。それ以外の係数の変換はオイラーの公式を使います。オイラーの公式から、$\cos n\omega t$ と $\sin n\omega t$ は、

$$\cos n\omega t = \frac{1}{2} \left(e^{j\,n\omega t} + e^{-j\,n\omega t} \right), \quad \sin n\omega t = \frac{1}{2j} \left(e^{j\,n\omega t} - e^{-j\,n\omega t} \right) \qquad (1\text{-}28)$$

です。これを三角フーリエ級数の Σ の中身に代入すると、

$$\sum_{n=1}^{\infty} (a_n \cos n\omega t + b_n \sin n\omega t) = \sum_{n=1}^{\infty} \left\{ \frac{a_n}{2} \left(e^{j\,n\omega t} + e^{-j\,n\omega t} \right) + \frac{b_n}{2j} \left(e^{j\,n\omega t} - e^{-j\,n\omega t} \right) \right\} \qquad (1\text{-}29)$$

33

1. フーリエ級数

$$= \sum_{n=1}^{\infty} \frac{a_n - jb_n}{2} e^{jn\omega t} + \sum_{n=1}^{\infty} \frac{a_n + jb_n}{2} e^{-jn\omega t}$$

の形に変形できます。三角フーリエ級数を変形して作った上式の 2 行目の最初の項は、複素形フーリエ級数の式 (1-27) の 3 項目に対応していることがわかります。同様に上式の 2 行目の二番目の項は、式 (1-27) の 1 項目に対応していることがわかります。したがって係数の関係は、

$$c_{-n} = \frac{a_n + jb_n}{2}, \quad C_0 = a_0、 \quad c_n = \frac{a_n - jb_n}{2} \qquad \left(n = 1, 2, 3, \cdots 自然数\right) \qquad (1\text{-}30)$$

となります。複素形フーリエ級数と三角フーリエ級数間の書き換えを表にまとめます。

三角フーリエ級数

$$f(t) = a_0 + \sum_{n=1}^{\infty}(a_n \cos n\omega t + b_n \sin n\omega t) \qquad (t_0 \leqq t < t_0 + T) \quad (n = 1,2,3,\cdots)$$

$$a_0 = \frac{1}{T}\int_0^T s(t)\,dt \qquad a_n = \frac{2}{T}\int_0^T s(t)\cos n\omega t\,dt$$

$$b_n = \frac{2}{T}\int_0^T s(t)\sin n\omega t\,dt$$

$$C_0 = a_0 \qquad\qquad a_0 = c_0$$

$$c_n = \frac{a_n - jb_n}{2} \qquad\qquad a_n = c_n + c_{-n}$$

$$c_{-n} = \frac{a_n + jb_n}{2} \qquad\qquad b_n = j(c_n - c_{-n})$$

複素フーリエ級数

$$f(t) = \sum_{n=1}^{\infty} C_{-n}\, e^{-jn\omega t} + C_0 + \sum_{n=1}^{\infty} C_n\, e^{jn\omega t} \qquad (t_0 \leqq t < t_0 + T) \quad (n = 1,2,3,\cdots)$$

$$c_{-n} = \frac{1}{T}\int_0^T s(t)\, e^{jn\omega t}\,dt \qquad c_0 = \frac{1}{T}\int_0^T s(t)\,dt \qquad c_n = \frac{1}{T}\int_0^T s(t)\, e^{-jn\omega t}\,dt$$

図 1-3

34

1.2 矩形波

(a) 矩形波のフーリエ級数展開

　お待たせしました。ここから実際にフーリエ級数展開をやってみましょう。対象の信号 $s(t)$ には矩形波を選びます。電気のエンジニアで矩形波に関わらない方は、おそらくいらっしゃらないと思います。なんと言っても情報の伝達に使われる信号のほとんどは 0 と 1 が時間で変化するデジタル信号です。情報の伝達以外にも、トランジスタのスイッチング（これも入力は 0 と 1 の繰り返し）を利用するアナログ回路や、物理情報をデジタルに取り込んだり逆に吐き出したりするタイミング（スキャン）を担う回路など、エレクトロニクスの支配者とも言ってもよいかもしれません。矩形波を知れば、世の中の電気信号の大半を理解したことになるのではないでしょうか（著者の感想です）。

　この節では、矩形波を cos と sin の周波数を変えながら無限個足したもの（無限級数）に書き換えを行います。つまり三角フーリエ級数展開です（複素形フーリエ級数展開も後述）。これは矩形波を各周波数成分に分解しているとも言えます。cos と sin に分解する最大の利点は、cos と sin がただ一つの周波数しか持たないことにあります。このことに意外に気づいていない方もいらっしゃるかと思います。これはcos と sin を ωt の関数（ω は角周波数）として表した場合、原点と円周を結ぶ動径の等速円運動（周波数一定）から定義されることになるので当たり前のことです。ただこれは劇的に有難いことです。回路を例にしましょう。回路にコイル（インダクタンス）、コンデンサ（キャパシタンス）がある場合、その特性は印加される電圧信号または電流信号の角周波数 ω で変化し、ω がわかれば計算できます。逆に言うと、その信号が ω を特定できない状態や異なる多くの ω が混ざって区別できない状態では、回路の特性が定まらないし動作の予想もできないということです。もし信号が角周波数 ω をただ一つに特定できる cosと sin の足し合わせと考えることができれば、各 ω が回路特性にどのような影響を与えるかわかりますし、各 ω ごとにインダクタンスとキャパシタンスの影響を計算し、それらを再度足し合わせれば、回路の出力がどうなるかも予想できることになります。

　次ページの**図 1-4** のような電圧が A[V] で周期が T[s]（周波数 $f=1/T$[Hz]）の矩形波を考えます。
　縦軸が電圧で、横軸は時間です。網掛けされていない部分がフーリエ級数の対象となる 1 周期間で、この波形が時間軸上で繰り返されていると考えてください。

※　**図 1-4** の電圧 A[V] は、振幅とは呼ばないことにします。振幅という言葉は cos や sin に掛ける係数に対して使うことにします。振幅 1 の場合、cos と sin は、+1 と −1 の間の値を繰り返します。

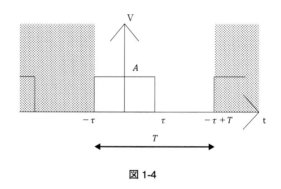

図 1-4

　原点をどこに取ってもよいのですが、電圧が A[V] の期間の中間を原点にしました。以降は、電圧が A[V] の期間を、信号が 'H' の期間（High）と呼んだり、'1' の期間と呼んだりします。電圧が 0[V] の期間は、信号が 'L' の期間（Low）または、'0' の期間と呼びます。電圧 A[V] の期間は $-\tau$[s] から $+\tau$[s] とします。周期 T[s] の残りの期間は電圧 0[V] です。'H' の期間と 'L' の期間は必ずしも等しいとは限らない前提です。この $-\tau$[s]～$-\tau+T$[s] の 1 周期間でフーリエ級数展開を行います。

　三角フーリエ級数の定義を思い出すと、

$$f(t) = a_0 + \sum_{n=1}^{\infty} (a_n \cos n\omega t + b_n \sin n\omega t) \qquad (t_0 \leqq t < t_0 + T)$$

$$a_0 = \frac{1}{T} \int_0^T s(t)\, dt、\quad a_n = \frac{2}{T} \int_0^T s(t) \cos n\omega t\, dt \qquad (n = 1,2,3,\cdots 自然数) \tag{1-31}$$

$$b_n = \frac{2}{T} \int_0^T s(t) \sin n\omega t\, dt \qquad (n = 1,2,3,\cdots 自然数)$$

でした。矩形波がここではフーリエ級数展開の対象なので、矩形波がこの式の $s(t)$ になります。係数 a_0、a_n、b_n を順に計算していけば、$s(t)$ を $f(t)$ の形に表せます。矩形波は A[V] と 0[V] の 2 値しかないので積分も簡単です。積分期間は（公式 0.14(e)）のとおりで、1 周期分を積分するのであればどの時間を選んでも同じです。ここでの積分は、$-\tau$～$-\tau+T$ なので、まず a_0 は

$$a_0 = \frac{1}{T} \int_0^T s(t)\, dt \;\; = \frac{1}{T} \int_{-\tau}^{-\tau+T} s(t)\, dt \;\; = \frac{1}{T} \int_{-\tau}^{\tau} A\, dt + \frac{1}{T} \int_{\tau}^{-\tau+T} 0\, dt \;\; = \frac{1}{T} \int_{-\tau}^{\tau} A\, dt$$

$$= \frac{A}{T} \Big[\, t\, \Big]_{-\tau}^{\tau} \tag{1-32}$$

$$= \frac{2A\tau}{T}$$

となります。a_n、b_n も同様に計算しましょう。

$$a_n = \frac{2}{T}\int_0^T s(t)\cos n\omega t\,dt \ = \frac{2}{T}\int_{-\tau}^{-\tau+T} s(t)\cos n\omega t\,dt \ = \frac{2}{T}\int_{-\tau}^{\tau} A\cos n\omega t\,dt$$

$$= \frac{2A}{n\omega T}\Big[\sin n\omega t\Big]_{-\tau}^{\tau} \ = \ \frac{2A}{n\omega T}\big\{\sin n\omega\tau - \sin(-n\omega\tau)\big\}$$

$$= \frac{4A}{n\omega T}\sin n\omega\tau$$

(1-33)

$$b_n = \frac{2}{T}\int_0^T s(t)\sin n\omega t\,dt \ = \frac{2}{T}\int_{-\tau}^{-\tau+T} s(t)\sin n\omega t\,dt \ = \frac{2}{T}\int_{-\tau}^{\tau} A\sin n\omega t\,dt$$

$$= \frac{2A}{n\omega T}\Big[-\cos n\omega t\Big]_{-\tau}^{\tau} \ = \ \frac{2A}{n\omega T}\big\{-\cos n\omega\tau + \cos(-n\omega\tau)\big\}$$

$$= 0$$

となりました。ここで、周期 T、周波数 f、角周波数 ω の関係、

$$T = \frac{1}{f} \ 、 \omega = 2\pi f \text{ より、} \omega T = 2\pi$$

を使って、a_n の計算結果を少し変形します。ほかの計算結果も並べます。

$$a_0 = \frac{2A\tau}{T} \ = A\frac{2\tau}{T}$$

$$a_n = \frac{4A}{n\omega T}\sin n\omega\tau \ = \frac{4A}{n\omega T}\sin\Big(\frac{n\omega T}{2}\times\frac{2\tau}{T}\Big) \ = \frac{2A}{n\pi}\sin\Big(n\pi\times\frac{2\tau}{T}\Big)$$

(1-34)

$$b_n = 0$$

　ここで、$2\tau/T$ に注目してください。これは何を表しているでしょうか？　**図 1-4** と見比べてください。信号 $s(t)$ が電圧 A である時間 2τ を周期 T で割っています。すなわち 1 周期の時間のうち、信号が 'H' である時間がどれくらい占めているかを表しています。これは信号のデューティー（Duty）比と呼ばれる値です。これを D とします $(D = 2\tau/T)$。この比 D に 100 を掛けたとすれば、単位は [%] になります。D を使えば、a_0 は AD です。

　a_n の sin の中身は、$n\pi D$ と書けます。さらに、a_n の分子と分母に D を掛ければ、$n\pi D$ を一つのかたまりとして見た、すっきりとした式に変形できます。

$$a_0 = A\frac{2\tau}{T} \ = AD$$

$$a_n = \frac{2A}{n\pi}\sin\Big(n\pi\times\frac{2\tau}{T}\Big) \ = 2AD\frac{\sin(n\pi D)}{n\pi D}$$

(1-35)

$$b_n = 0$$

これで使いたいフーリエ級数の係数が完成しました。この、a_0、a_n、b_n を使って $f(t)$ を書き表してみよう。

$$\text{矩形波}: f(t) = a_0 + \sum_{n=1}^{\infty} (a_n \cos n\omega t + b_n \sin n\omega t) \qquad (-\tau \leqq t < -\tau + T)$$

$$= AD + 2AD\frac{\sin(\pi D)}{\pi D}\cos \omega t + 2AD\frac{\sin(2\pi D)}{2\pi D}\cos 2\omega t + 2AD\frac{\sin(3\pi D)}{3\pi D}\cos 3\omega t + 2AD\frac{\sin(4\pi D)}{4\pi D}\cos 4\omega t + \cdots$$

$$(1\text{-}36)$$

　矩形波のフーリエ級数の完成です。矩形波の 1 周期が級数として完全に表されています。$-\tau \sim -\tau+T$ でフーリエ級数展開を行ったわけですが、時間軸上はこの信号波形が繰り返されるだけなので、結局、全ての時間について矩形波をフーリエ級数で書き表したことになります。

　上式 (1-36) の各項は、それぞれ周波数が異なる信号 $\cos n\omega t$（角周波数は $n\omega$、周波数は nf）と、先ほど計算した係数の掛け算で構成されています。この各項の係数をスペクトルと呼びます。例えば、3 番目の項

$$2AD\frac{\sin(2\pi D)}{2\pi D}\cos 2\omega t$$

は、角周波数 2ω（周波数 $2f$）の信号で、そのスペクトルは

$$2AD\frac{\sin(2\pi D)}{2\pi D}$$

です。

　また、$\cos n\omega t$ が $n=1$ の場合、角周波数 ω（周波数 f）になるわけですが、この ω、f を基本周波数と呼び、それ以外の $n\omega$、$nf(n = 2,3,4, \cdots)$ を高調波の周波数と呼びます。

(b) 矩形波のグラフ化と高調波

　矩形波の時間波形は単純ではありますが、それをグラフにしようと考えると結構悩むのではないでしょうか？　A[V] の期間があって、次に 0[V] の期間があって、さらにそれが繰り返して・・・？　しかし、われわれはすでに矩形波のフーリエ級数が

$$\text{矩形波}: f(t)$$

$$= AD + 2AD\frac{\sin(\pi D)}{\pi D}\cos \omega t + 2AD\frac{\sin(2\pi D)}{2\pi D}\cos 2\omega t + 2AD\frac{\sin(3\pi D)}{3\pi D}\cos 3\omega t + 2AD\frac{\sin(4\pi D)}{4\pi D}\cos 4\omega t + \cdots$$

A : 矩形波の電圧[V]、　　D : 矩形波の Duty 比、　　ω : 矩形波の基本(角)周波数

$$(1\text{-}37)$$

で表せることを知っています。この式を Excel でグラフ化するのは意外に簡単で、しかもエンジニアにとっては扱いやすい周波数や Duty 比と言った変数によってグラフの形をコントロールできます。さらに、前項の最後で触れたスペクトルについてもグラフ化することが可能です。早速、前項で導いた上式 (1-37)、

矩形波のフーリエ級数に具体的な数値を入れてグラフを作りましょう。

　ここからはしばらく計算に使う Excel の表の下準備をします。表の書き方をきっちり決めておくほうが後々いろいろなケースへの応用も楽になります。我慢して付き合ってください。なお、本書で作成するサンプルファイルは技報堂出版（株）のホームページよりダウンロードできます（扉裏参照）。

・・・・・・・・・・・・・・・・・・・・ **Excel** ・・・・・・・・・・・・・・・・・・・・・・

＜表＞sheet" 矩形波 "

　まず、新しい sheet を作り、名前を " 矩形波 " とします。最初に sheet 内の縄張りを行います。これがこれから作る表の基本となります。

- 基本は、横方向（行）を時間、縦方向（列）を周波数とする。
- 列のうち A〜C 列には電圧や基本周波数などの波形をコントロールする変数を入れる領域とする。
- D 列はメモ用に残し、
- E 列は縦方向の説明を書く領域とする。
- F 列は式 (1-37) の $n\pi D$ の n（基本周波数 f または ω の、何倍の周波数なのか）を入れる。
- G 列はスペクトルのグラフの横軸に使う周波数 f を入れる。値の単位は [kHz]、[MHz]、[GHz] など、作るグラフごとに最適なものに変える。
- H 列は角周波数 $n \times \omega$ を入れる。
- I 列にはスペクトル、すなわちフーリエ級数の各項の係数を入れる。
- J 列からは実際の計算領域。※ 計算領域は太い罫線で分けています。

　行（時間）の説明は、E 列以降の説明になります。

- 1〜2 行は、説明やコメントに使う。※ セル E2 には " 電圧 "（濃いオレンジに白の文字）と書き、この表が電圧の計算をしていることを明記しました。
- 3 行目は、時間波形のグラフの横軸に使う時間を入れる。値の単位は [ms]、[μs]、[ns] など、作るグラフごとに最適なものに変える。
- 4 行目は、計算に使う時間を入れる。補助単位はなく、常に [s] とする。
- 5 行目からは実際の計算領域。※ 計算領域は太い罫線で分けています。

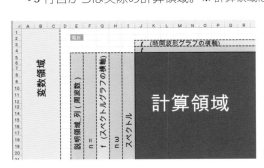

図 1-5

1. フーリエ級数

縄張りに沿って、下図のように表の下準備をします。

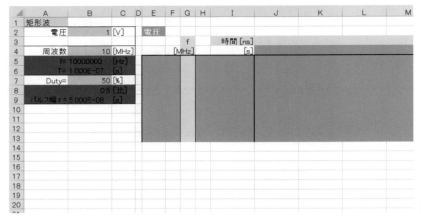

図 1-6

先に、矩形波のフーリエ級数 $f(t)$ の変数の値を仮で決めておきます。電圧、周波数、[%] 換算での Duty 比をそれぞれ、

　　1[V]

　　10[MHz]

　　50[%]

とします。

- A 列に変数の説明
- B 列に変数の値
- C 列に単位

を入れます。

<Excel の作成 >　図 1-6

　　セル A1 "矩形波"

　　セル A2 "電圧"、セル B2 "1"、セル C2 "[V]"

　　セル A3〜C3 → 予備で空白

　　セル A4 "周波数"、セル B4 "10"、セル C4 "[MHz]"

　　セル A5〜C5 → 予備で空白

　　セル A6〜C6 → 予備で空白

　　セル A7 "Duty="、セル B7 "50"、セル C7 "[%]"

　計算は補助単位なしで行うので、予備のセルで単位の変換をします。

　　セル A3〜C3 → [V] はもともと予備単位がないので空白のまま

　　セル A5 "f="、セル B5 "=$B$4*1e6"、セル C5 "[Hz]" → ここで使っている $ は、直後に書かれたセルの座標が固定であることを示す Excel の演算子です。B5 のセルをほかへコピペ（コピー＆ペースト）したとしても、参照先はセル B4 のまま固定されます。

セル A6 "T="、セル B6 "=1/$B$5"、セル C6 "[s]" → 周期 [s] を計算しています。

セル A8 → 空白、セル B8 "$B$7/100"、セル C8 "[比]" → Duty50% を比 0.5 に直します。

セル A9 " パルス幅 τ ="、セル B9 "=$B$6*$B$8"、セル C9 "[s]" → パルス幅（'H' の期間）を計算しています。

ここでセルに付ける色に意味を持たせたいと思います。

- オレンジ → 変数。※ 頻繁に変更するパラメータを入力するセルです。
- 濃い青（基本色 25%）→ 変数の変換。※ 主に補助単位をなくす変換に使っています。表が完成した後はあまり変更することはありません。
- 最も薄い青 → グラフに使う横軸。時間波形のグラフであれば○○ s。スペクトルのグラフであれば○○ Hz。
- 通常の青（基本色 40%）→ 計算領域。
- 最も濃い青 → 変更しない。※ ここでは使っていませんが、光速 30 万 km など変化しない定数用。

なお、矩形波と書いたセルは黄色く塗り、周波数の G 列には、セル G3 "f"、セル G4 "[MHz]" と入力し、時間のほうはセル I3 " 時間 [ns]"、セル I4 "[s]" と入力しました。

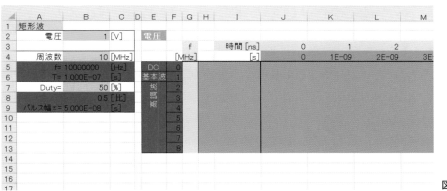

図 1-7

次に 3 行目に時間を入力しましょう。単位は [ns] に決めています。3 行目のセルの個数が時間波形のグラフのプロット数（計算点の数）になるわけですが、ここでは 201 個取ることにします。

<Excel の作成 > 　図 1-7

セル J3 "0" と入力、セル K3 には、"=J3+1" と入力し、セル K3 をセル HB3 までコピペします。セル HB3 に "200" と表示されたはずです。

セル J4〜HB4 は、計算に使う時間で、補助単位を消しておきます。[ns] は、10^{-9} [s] です。セル J4 "=J3*1e − 9" と入力し、J4 のセルをセル HB4 までコピペします。計算に使う時間の準備はできました。

ここから周波数を入力します。ここではとりあえず基本周波数の 8 倍高調波までを入力します。F 列に何倍高調波かを示す n の値を入れていきましょう。

	A	B	C	D	E	F	G	H	I	J	K	L	M
1	矩形波												
2	電圧	1	[V]		電圧								
3							f		時間 [ns]	0	1	2	
4	周波数	10	[MHz]				[MHz]		[s]	0	1E-09	2E-09	3E-
5	f= 10000000		[Hz]		DC	0	0	0					
6	T= 1.000E-07		[s]		基本波	1	10	###					
7	Duty=	50	[%]		高調波	2	20	###					
8		0.5	[比]			3	30	###					
9	パルス幅τ= 5.000E-08		[s]			4	40	###					
10						5	50	###					
11						6	60	###					
12						7	70	###					
13						8	80	###					
14													

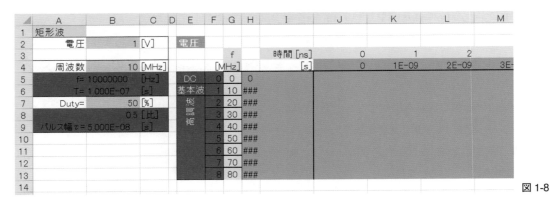

図 1-8

<Excel の作成>　**図 1-8**

セル F5 "0" と入力、セル F6 には、"=F5+1" と入力し、F6 のセルをセル F13 までコピペします。セル F13 が "8" と表示されたはずです。

E 列にはコメントを入れます。セル E5 "DC"、セル E6 " 基本波 "、セル E7 " 高調波 "、セル E7～E13 はセルを結合して文字を 90 度回転しました。E 列と F 列はあまり変更しないので、濃い青（基本色 25%）にしました。

続いて G 列の f と、H 列の ω を入力します。ここで G 列の f は、グラフを作るのに利用するだけで、この G 列の値を使って計算することはありません。H 列の ω のほうを計算に使います。

セル G5 "=$F5*$B$4" と入力します。基本周波数 10[MHz] の 0 倍なので 0[MHz] です。計算に使う参照先の基本周波数はセル固定、n 倍を表す F 列は列だけ固定したいため、F の前だけに記号 $ を付けています。G5 のセルをセル G13 のセルまでコピペします。セル G13 に "80" が表示されたと思います。

次は計算に使う DC と基本波、そして高調波の角周波数 $n \times \omega$ です。$\omega = 2\pi f$ ですので、H5 "=$F5*2*PI()*$B$5" と入力します。$n \times 2\pi \times$ 基本周波数 f[Hz] です。H5 のセルを H13 のセルまでコピペします。H 列は計算に使うだけで、表示は気にする必要はないと思います。F 列、G 列、H 列はセルの幅を 3 としました。

ここからはいよいよ（1-37）の計算式を入力していきます。まずはスペクトルです。

	A	B	C	D	E	F	G	H	I	J	K	L	M
1	矩形波												
2	電圧	1	[V]		電圧								
3							f		時間 [ns]	0	1	2	
4	周波数	10	[MHz]				[MHz]		スペクトル/[s]	0	1E-09	2E-09	3E
5	f= 10000000		[Hz]		DC	0	0	0	0.5				
6	T= 1.000E-07		[s]		基本波	1	10	###	6.366E-01				
7	Duty=	50	[%]		高調波	2	20	###	3.900E-17				
8		0.5	[比]			3	30	###	-2.122E-01				
9	パルス幅τ= 5.000E-08		[s]			4	40	###	-3.900E-17				
10						5	50	###	1.273E-01				
11						6	60	###	3.900E-17				
12						7	70	###	-9.095E-02				
13						8	80	###	-3.900E-17				
14													

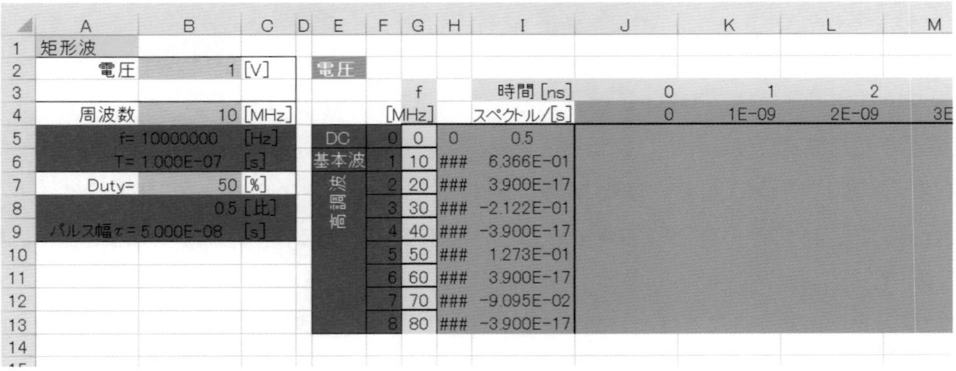

図 1-9

セル I5 に入れるべきは、式 (1-37) の最初の項、DC（直流）成分である AD です。

これは、電圧× Duty 比を表しています。

$$AD\ ：\text{DC 成分、}n=0\text{、}\qquad \text{周波数}=0[\text{MHz}]\text{、}\qquad \text{角周波数}=0 \tag{1-38}$$

<Excel の作成>　**図 1-9**

セル I5"=$B$2*$B$8"

続いて、セル I6 に入れるべきは、式 (1-37) の 2 番目の項、基本周波数の式の係数（スペクトル）部分です。高調波の項のスペクトルも含め一般化して書くと

$$2AD\frac{\sin(n\pi D)}{n\pi D}\ ：n\text{ 倍高調波スペクトル、周波数}=n\times f[\text{MHz}]\text{、角周波数}=n\times\omega \tag{1-39}$$

でした。

セル I6 "=2*$B$2*$B$8*(SIN($F6*PI()*$B$8)/($F6*PI()*$B$8))"、そしてこの I6 のセルをセル I13 までコピペします。前ページ**図 1-9** と同じスペクトルの計算値が表示されたでしょうか？　セル I4 の "[s]" の左隣に " スペクトル /" と書いておきます。

いよいよ最後は時間波形の計算式です。各時間 t に対して、式 (1-37) の $f(t)$ を計算します。例えば、t =1[ns] の計算は、K 列に式 (1-37) の各項を上から順に並べていき、最後に足し合わせて $f(t=1\text{ns})$ の値を導きます。各セルに入る計算式は、係数（スペクトル）× $\cos n\omega t$ です。計算に使う t は、4 行目の補助単位がない時間 $[s]$ です。

	A	B	C	D	E	F	G	H	I	J	K	L	M
1	矩形波												
2	電圧	1	[V]		電圧								
3							f		時間 [ns]	0	1	2	
4	周波数	10	[MHz]				[MHz]		スペクトル/[s]	0	1E-09	2E-09	3E-
5	f=	10000000	[Hz]		DC	0	0	0	0.5	0.5	0.5	0.5	
6	T=	1.000E-07	[s]		基本波	1	10	###	6.366E-01	6.366E-01	6.354E-01	6.316E-01	6.253E-
7	Duty=	50	[%]		高調波	2	20	###	3.900E-17	3.900E-17	3.869E-17	3.777E-17	3.626E-
8		0.5	[比]			3	30	###	-2.122E-01	-2.122E-01	-2.084E-01	-1.973E-01	-1.792E-
9	パルス幅τ=	5.000E-08	[s]			4	40	###	-3.900E-17	-3.900E-17	-3.777E-17	-3.417E-17	-2.843E-
10						5	50	###	1.273E-01	1.273E-01	1.211E-01	1.030E-01	7.484E-
11						6	60	###	3.900E-17	3.900E-17	3.626E-17	2.843E-17	1.660E-
12						7	70	###	-9.095E-02	-9.095E-02	-8.229E-02	$H12*L$4)	-2.262E-
13						8	80	###	-3.900E-17	-3.900E-17	-3.417E-17	-2.090E-17	-2.449E-
14													
15													

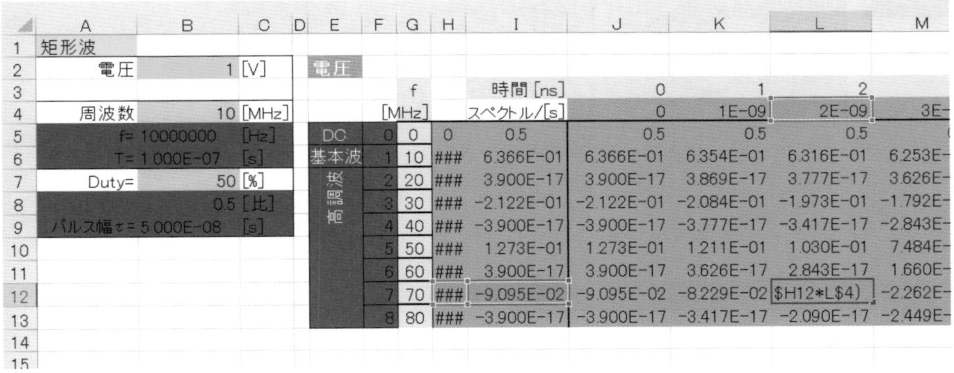

図 1-10

それでは計算領域の左上のセルから入力していきましょう。まず 5 行目ですが、各セルには時間で変化しない式 (1-37) の第一項目、AD が入ります。これはセル I5 で計算済です。5 行目の各セルは、セル I5 を参照するだけとします。

<Excel の作成>　**図 1-10**

セル J5 "=$I5"、これをセル HB5 までコピペする。

6 行目以降は時間変化する式になります。

セル J6 "=$I6*COS($H6*J$4)"

ここで、スペクトル $I6 と、角周波数 $n\omega$ の $H6 の、行を示す 6 には記号 $ を付けていないので、セル J6 を縦方向にコピペするだけで、参照先のセルの行を表す数字が自動で増えて、各セルの参照先を修正せずとも、式に必要なスペクトルと角周波数 $n\omega$ が正しく参照されます。

同様に、式の時間 J$4 の J には記号 $ を付けていないので、セル J6 を横方向にコピペするだけで、参照先のセルの列を表すアルファベットが自動で修正され、各セルの参照先を修正せずとも、式に必要な時間が正しくが参照されます。結局 J6 に式を入力してしまえば、セル J6〜HB13 にセル J6 をコピペするだけで表が完成します。見やすくするため、コピペしたセル間の罫線は消しています。

図 1-10 の表と、皆さんが作った表を見比べてください。セル内の式を選択すると、参照先のセルがハイライトされます。**図 1-10** はセル L12 の式を選択した状態です。**図 1-10** と同様に正しい参照先になっているでしょうか？

後は各列の 5 行目から 13 行目までを足せば、各時間に対応した式 (1-37) の $f(t)$ の計算が完了し、矩形波の時間波形が作れます。

セル J14 "=SUM(J5:J13)"、この J14 のセルをセル HB14 までコピペ。下図が完成した表です。

	A	B	C	D	E	F	G	H	I	J	K	L	M
1	矩形波												
2	電圧	1	[V]		電圧								
3							f		時間 [ns]	0	1	2	
4	周波数	10	[MHz]				[MHz]		スペクトル/[s]	0	1E-09	2E-09	3E-
5	f= 10000000		[Hz]		DC	0	0	0	0.5	0.5	0.5	0.5	
6	T= 1.000E-07		[s]		基本波	1	10	###	6.366E-01	6.366E-01	6.354E-01	6.316E-01	6.253E-
7	Duty=	50	[%]		高調波	2	20	###	3.900E-17	3.900E-17	3.869E-17	3.777E-17	3.626E-
8		0.5	[比]			3	30	###	-2.122E-01	-2.122E-01	-2.084E-01	-1.973E-01	-1.792E-
9	パルス幅 τ = 5.000E-08		[s]			4	40	###	-3.900E-17	-3.900E-17	-3.777E-17	-3.417E-17	-2.843E-
10						5	50	###	1.273E-01	1.273E-01	1.211E-01	1.030E-01	7.484E-
11						6	60	###	3.900E-17	3.900E-17	3.626E-17	2.843E-17	1.660E-
12						7	70	###	-9.095E-02	-9.095E-02	-8.229E-02	-5.797E-02	-2.262E-
13						8	80	###	-3.900E-17	-3.900E-17	-3.417E-17	-2.090E-17	-2.449E-
14										9.608E-01	9.657E-01	9.793E-01	9.984E-
15													

図 1-11

ここから時間波形をグラフにします。

###	#########	#########	#########	#########	1.660E-17	3.155E-17	3.869E-17	3.62
	9.608E-01	9.657E-01	9.793E-01	9.984E-01	1.018E+00	1.034E+00	1.042E+00	1.03

図 1-12

＜グラフ＞sheet"T_ 矩形波 "

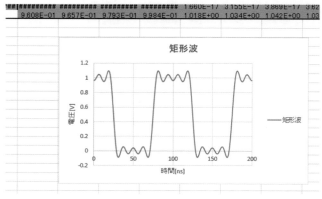

作成した表の下にグラフを挿入します。

→「挿入」→図「グラフ」→「散布図（平滑線）」でトレース付きのグラフを表の下に貼り付けましょう。

→「グラフのデザイン」→「データ」→「データの選択」→「凡例項目の追加」を押します。

系列名 "矩形波"

系列 X の値　セル J3〜HB3

系列 Y の値　セル J14〜HB14

※　データの選択ですが、Ctrl と Shift の両方のキーを押しながら選択したい方向の矢印 ↑ ← ↓ → を押せば、式が入力されているセルを一瞬で選択してくれます。例えば、上のグラフの時間選択 J3〜HB3 の場合、まず J3 を選択し、Ctrl と Shift を押しながら → を押せば、J3〜HB3 が選択できます。

表示する範囲ですが、横軸の数字をダブルクリックし、

→「軸のオプション」→「最大値 (X)」→ "200" に変更します。

縦軸の方は、

→「軸のオプション」→「最大値 (Y)」→ "1.2"、「最小値 (Y)」→ "− 0.2" にしておきます。表示形式は、標準を選びました。軸のラベルも追加しましょう。

→「グラフのデザイン」→「グラフ要素を追加」→「軸ラベル」→「第 1 横軸」を選び、次に「第 1 縦軸」を選びます。「横軸ラベル」をダブルクリックし、"時間 [ns]" と入力しましょう。「縦軸ラベル」は "電圧 [V]" です。

凡例も表示させておきましょう。グラフを選択し、

→「グラフのデザイン」→「グラフ要素を追加」→「凡例」→「右」

前ページの**図 1-12** が、フーリエ級数によって描いた矩形波です。まだ、波形の 'H' レベルと 'L' レベルが波打ち、波形の立ち上がり・立下りに鋭さがないですが、これは 8 倍の高調波までしか描いていないからです。もっと高次の高調波まで加えるとさらに矩形波らしくなりますが、それは後にして、電圧と周波数を変えて、波形が変化してくれるか確認しましょう。電圧を 2[V]、周波数を 20[MHz] に変えてみましょう。それぞれ、B2、B4 の値を変えればよいです。

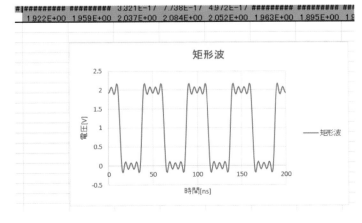

図 1-13

1.　フーリエ級数

　上図のように変わることが確認できたでしょうか？

　ここで、このグラフを sheet として独立させ大きく表示させたいと思います。計算の表とグラフを同時に見たい場合もあるので、表に貼った元のグラフは残しておいて、コピーしたものを sheet へ移します。まず、グラフを選んで横にコピペし、コピーしたグラフを選び、右クリック、

　　　→「グラフの移動」→「新しいシート」

を選択します。

　sheet のタイトルは、"T_ 矩形波" としました。T は時間波形の意味で使っています。

　波形の色も変えてみます。グラフを選択し、

　　　→「書式」→「現在の選択範囲」→系列"矩形波"→「選択対象の書式設定」→「線」→「線（単色）」
　　　　を選択→「オレンジ基本色 25%」

を選んでみました。

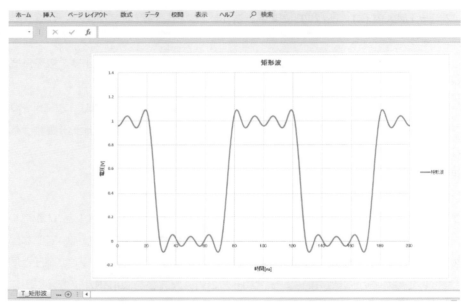

図 1-14

・・・

　8 倍高調波までを使った矩形波の時間波形は完成しました。ここで少しその特徴を見ておきます。図 1-15 は、DC、基本波、高調波の時間波形を足さずにそれぞれ表示させたものです。

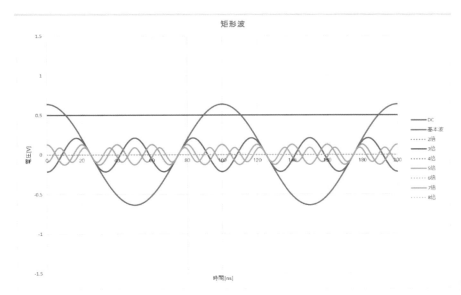

図 1-15

　それぞれの振幅がスペクトルに相当します。まず、明らかな特徴として、グラフの破線で示した偶数倍の高調波が常に 0 である。つまり、矩形波が DC と基本波、そして奇数倍の高調波からできていることがわかります。また、次の特徴として、基本波が極端に強く、高調波は周波数に反比例して弱くなっているように見えます。

　この二つの特徴は、スペクトルを表す式 (1-39) と何倍高調波であるかを示す n の関係から説明できます。式 (1-39) の $2AD$（n に関係しない）を除いた部分は、描いたグラフが D=0.5 としているので、$\sin(0.5n\pi)/0.5n\pi$ であり、この分子は $\sin(n\pi/2)$ です。ですので n が増えるたびに $1 \rightarrow 0 \rightarrow -1 \rightarrow 0 \rightarrow 1$ を繰り返します。n が偶数の場合に 0 になるのはこのためです。n が奇数の場合は分子の大きさは 1 になります。分子が 1 なのに対し、分母は $n\pi/2$ なのでスペクトルは n に反比例することになります。つまり、スペクトルは周波数に反比例して小さくなります。これから作るスペクトルのグラフもそうなります。

　ここで、1.1（b）三角フーリエ級数の項で説明しました表記の違いを思い出してください。本書のように n を自然数とした表記、式 (1-20) 以外に、a_n、b_n の式に $n = 0$ も許す表記があると説明しました。下記です。

$$f(t) = \frac{a_0}{2} + \sum_{n=1}^{\infty} (a_n \cos n\omega t + b_n \sin n\omega t) \qquad (t_0 \leqq t < t_0 + T)$$

$$a_n = \frac{2}{T} \int_0^T s(t) \cos n\omega t\, dt 、\qquad b_n = \frac{2}{T} \int_0^T s(t) \sin n\omega t\, dt \qquad (n = \mathbf{0}, 1, 2, 3, \cdots)$$

　この $n = 0$ を許す表記も a_n、b_n の式は変わりません。ですので、矩形波の a_n の計算結果は同じ式 (1-35)

$$2AD \frac{\sin(n\pi D)}{n\pi D}$$

です。ただし、$n = 0$ を許す上記式の表記方では、フーリエ級数の最初の DC の項は、$n = 0$ の a_n を 1/2 倍してから加えています。スペクトルを計算する式の違いで悩む方も多いかと思います。念のため、どち

らの考え方でも結果が一致することを確認したいと思います。

　$n = 0$ を許す場合、計算するうえで問題となるのは、$\sin(n\omega D)/(n\omega D)$ の部分です。分母が 0 になるので、極限値で考えなければなりません。公式 0.10(a) から、

$$\lim \theta \to 0 \quad \frac{\sin\theta}{\theta} \to 1$$

なので、$n = 0$ の場合、式 (1-35) の a_n は、$2AD$ となりました。これを $1/2$ 倍すると AD です。本書の表記である式 (1-31) から求めた式 (1-35) の a_0 と一致しました。

　さて、ここまでの考察から矩形波のスペクトルの特徴は $\sin(n\omega D)/(n\omega D)$ に表れているようです。$n = 0$ についても、直前の説明のように、この式からも導くこともできます。この式のように、$\sin$ の中身（角度）と分母が同じ、$\frac{\sin x}{x}$ の形の関数は Sampling function と呼ばれます。

　ここからは、スペクトルもグラフ化してみましょう。

•••••••••••••••••••••••••••••••• Excel ••••••••••••••••••••••••••••••••

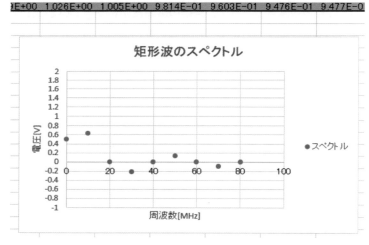

図 1-16

< グラフ > sheet"S_ 矩形波 "

　表の下にグラフを挿入します。

　　　→「挿入」→「グラフ」→「散布図」、今度は単純なドットだけの散布図です。これを表の下に貼り付けましょう。

　　　→「グラフのデザイン」→「データ」→「データの選択」→「凡例項目の追加」を押す。

　　　系列名 " スペクトル "

　　　系列 X の値　　セル G5〜G13

　　　系列 Y の値　　セル I5〜I13

　　　表示する範囲ですが、横軸の数字をダブルクリックし、

　　　→「軸のオプション」→「最大値 (X)」→ "100"

に変更します。縦軸の方は、

　　　→「軸のオプション」→「最大値 (Y)」→ "2"、「最小値 (Y)」→ " − 1"

にしておきます。表示形式は、標準を選びます。

　軸のラベルも追加しましょう。

　　　→「グラフのデザイン」→「グラフ要素を追加」→「軸ラベル」→「第 1 横軸」

を選ぶ。第 1 縦軸も同様に選びます。

　横軸ラベルをダブルクリックし、" 周波数 [MHz]" と入力します。縦軸ラベルは " 電圧 [V]" です。

　凡例も表示させましょう。グラフを選択し、

　　　→「グラフのデザイン」→「グラフ要素を追加」→「凡例」→「右」

　これで、矩形波のスペクトルのグラフが完成しました。タイトルも " 矩形波のスペクトル " に変えています。（**図 1-16**）

・・・

　ここで、時間波形と同じように電圧と周波数を変えてみよう。やはり電圧を 2[V]、周波数を 20[MHz] に変えてみます。それぞれ、セル B2、B4 の値を変えればよいです。

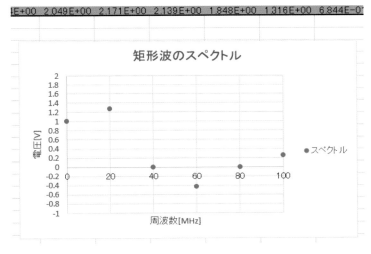

図 1-17

　元のスペクトルと比較してどうでしょうか?　それぞれのスペクトルが強くなるのは当然として、基本周波数を 2 倍にしたことにより、見えているプロットの数が減っています。高調波の周波数は基本周波数が n 倍されていくため、各スペクトルの周波数の間隔は基本周波数の大きさに等しくなります。基本周波数を大きくすれば当然、スペクトルの間隔は広がることになります。ここで、時間波形の場合を思い出しましょう。**図 1-12** と **図 1-13** を比較すると、基本周波数を 2 倍にした **図 1-13** は周期が半分になるため、波形の間隔が狭くなっています。つまり、信号の周波数を変えた場合、時間波形とスペクトルは横軸（時間と周波数）に関して逆の関係があることがわかりました。周波数を半分、5[MHz] にしたスペクトルも示します。電圧は 1[V] に戻しています。

1. フーリエ級数

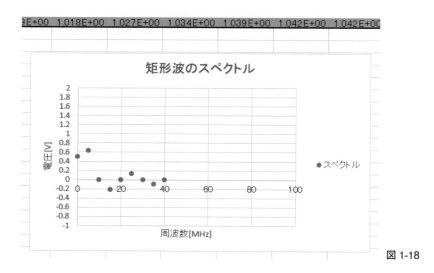

3E+00	1.018E+00	1.027E+00	1.034E+00	1.039E+00	1.042E+00	1.042E+00

図 1-18

スペクトルの間隔が狭くなりました。

作成したグラフの観察から以下のことがわかりました。

• 矩形信号の周波数が上がると、時間波形は横方向に縮まり、スペクトルは横方向に広がる。

周波数が高い信号のほうが、スペクトルの特徴が拡大され、観察が容易になります。

•••••••••••••••••••••••••••••••••• Excel ••••••••••••••••••••••••••••••••••

< グラフ > sheet "S_ 矩形波 "

スペクトルのグラフについても Excel の sheet として独立させ、大きく表示させたいと思います。スペクトルの場合も、元のグラフは残しておいて、コピーしたものを別の sheet へ移します。まず、グラフを選んで横にコピペし、コピーしたグラフを選び、右クリック、

　　　→「グラフの移動」→「新しいシート」

を選択します。sheet のタイトルは、"S_ 矩形波 " としました。S はスペクトルの意味で使っています。

さらに、一目でスペクトルとわかるように、スペクトラムアナライザで測定したような見た目にしてみましょう。誤差線を使います。グラフを選択して、

　　　→「グラフのデザイン」→「グラフ要素を追加」→「誤差範囲」→「パーセンテージ」

を選びます。

まず、x 方向の誤差線を消しましょう。グラフを選択して、

　　　→「書式」→系列 " スペクトル "x 誤差範囲→「誤差範囲の書式設定」

を選びパーセンテージを "0" にし、

　　　→「線」→「なし」

を選びます。y 方向の誤差線を利用するので、グラフを選択して、

　　　→「書式」→系列 " スペクトル "y 誤差範囲→「誤差範囲の書式設定」

を選び、

　　　方向は、「負方向」

50

　終点のスタイルは、「キャップなし」

　パーセンテージは、「100」

を選びます。

色も変えましょう。誤差範囲の書式設定から、

　　　→「線」→「線（単色）」→「青」

としました。

　最後に、電圧の表示範囲は−1V〜1Vにし、マーカーも菱形にしてみました。下の絵のようになったでしょうか？

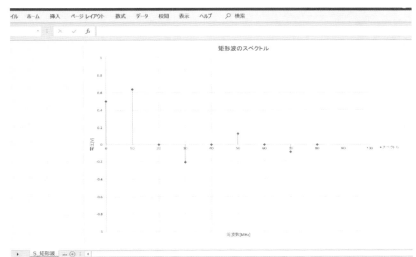

図 1-19

- -

　スペクトルのグラフをスペクトルアナライザで測定した（矩形信号を直接電界プローブで触った）ようなイメージにしてみました。スペクトルは一見、無味乾燥に見えますが、矩形波はスペクトル× $\cos n\omega t$ の足し合わせでできていますので、$t = 0$ の瞬間の各 $\cos$ 信号の大きさは上図のスペクトルそのものです。$\cos$ 波形は、上図右の周波数が高い側へいくほど短い時間で変化していますから、上図のマーカーを周波数が異なる各 $\cos$ 信号波形の山の頂点と考えて、全てを重ねれば、**図1-15**をイメージできないでしょうか？

　ところで、スペクトルアナライザでの測定の経験がある方は、次のような疑問を持ったことはないでしょうか？

　矩形波は、基本周波数の奇数倍の高調波からなると教科書で教わったが、現実には偶数倍の高調波も観測されることがある。しかも重要視され、問題になることも。これはどういうわけなのか？

　ここで、あえて固定にしておいた Duty を 50% から違う値に変えてみましょう。ここでは 35% にしてみます。波形とスペクトルは、

1. フーリエ級数

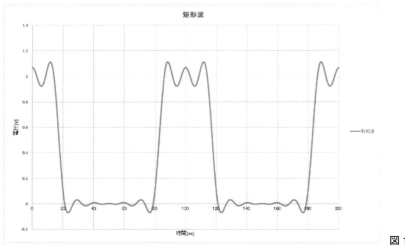

図 1-20

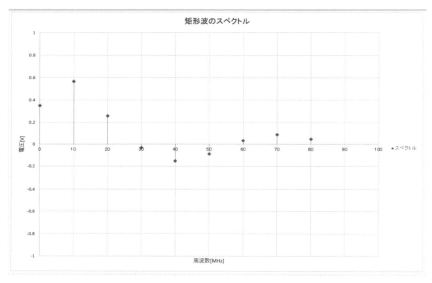

図 1-21

となりました。

　時間波形は予想どおりかと思いますが、スペクトルはどうでしょう？　ないハズの 10[MHz] の偶数倍の高調波のスペクトルが立ち上がっています。しかも 2 倍高調波などかなり大きい値です。そう、矩形波から偶数倍の高調波が現れるのは、Duty 比が 50% からズレることが原因なのです。かく言う私も、Excel を使って矩形波を描くまでは、理由がわからないままでした。偶数倍の高調波が現れるのは測定環境や測定のスキルに関係なく、矩形波が本来持っている特徴なのです。Sampling Function の説明時に気づいた方もいらっしゃると思いますが、式 (1-39) でいうと、$D = 0.5$ の場合は分子が $\sin(n\pi/2)$ なので 1 ($n = 1$) → 0 ($n = 2$) → − 1 ($n = 3$) → 0 ($n = 4$) → 1 ($n = 5$) を繰り返すのに対し、D が 0.5 から変わると n 倍されるのは $\pi/2$ ではないため、n が偶数倍のときに $\sin(n\pi D)$ の値は 0 固定ではなくなります。これが偶数倍の高調波スペクトルが立ち上がってくる理由です。

　さらに、Duty 比 52% も見てみましょう。

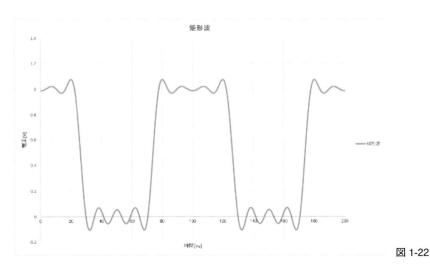

図 1-22

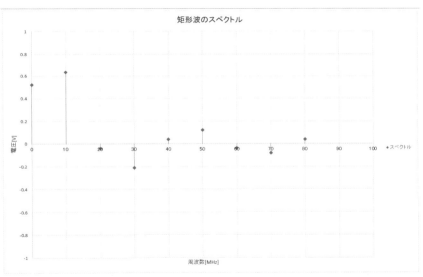

図 1-23

　Duty を 50% から、わずか 2% 増やしただけにも係らず、偶数倍の高調波スペクトルが 7 倍高調波の
スペクトル程度の大きさまで上昇しています。

- 信号の Duty 比が 50% からズレると、偶数倍の高調波が立ち上がる。
- しかも、わずかなズレでも予想以上の強度を持つ。

ことは、記憶しておくべきかと思います。

・・・・・・・・・・・・・・・・・・・・・・・・・ Excel ・・・・・・・・・・・・・・・・・・・・・・・・・

＜表＞ sheet" 矩形波 "

　ここからは、時間波形とスペクトルのグラフを見やすく、使いやすくするための工夫をいくつか追加し
ます。

　まず時間波形ですが、電圧は 'H' レベルから始まっています。ちょうど 'H' 期間の真ん中です。これを

少しずらして見たい場合もあるかと思います。そこで、矩形波を構成している全ての cos 波を時間軸上一斉にシフトさせる位相のパラメータを追加しようと思います。やることは単純で、表の計算領域の全ての cos の括弧の中にシフトさせたい位相（角度）を足すだけです。入力するパラメータは基本周波数で動く cos 波の位相のシフト量とし、高調波の cos 波のシフト量もこの値から計算します。表のセル A34〜C37 を位相のシフト量を入力するセルとして使うことにします。

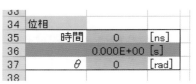

図 1-24

< 表 > sheet " 矩形波 "

　　セル A34 " 位相 " と書く。

　35 行目は、シフトさせたい位相を時間 [ns] で入力できるようにします。

　　セル A35 " 時間 " と書く。

　　セル B35 　パラメータ（変数）はここに入力する。

　　セル C35 "[ns]" 単位を書く。

　　セル B36 "=B35*1e−9" を入力。単位を [s] に変換。

　　セル C36 "[s]"

　37 行目は、シフトさせたい位相を角度 [rad] で入力します。

　　セル A37 "θ" と書く。

　　セル B37 　パラメータ（変数）はここに入力する。

　　セル C37 "[rad]" 単位を書く。

図 1-24 のような表になります。

ここからは、計算している各セルの式の変更です。

　例えば、表の 2 倍高調波のセル J7 の式は =$I7*cos($H7*J$4) ですが、これをシフトさせるには、時間で表したシフト量セル B36 を元の時間 J$4 に足せばよいわけです。J$4+$B$36 になります。

　角度 [rad] として入力する位相のほうは、元の式が $\cos(n \times \omega \times t)$ の形ですので、基本周波数 ω の場合は、cos の中身は ωt [rad] です。これが θ シフトすると $(\omega t + \theta)$ [rad] となります。高調波は n 倍速く動くので、位相は $n \times \theta$ 動いているハズです。すなわち $(n \omega t + n \theta)$ [rad] になります。セル J7 で言えば、足される位相は $F7*$B$37 です。結局、セル B7 は、"=$I7*cos($H7*(J$4+$B$36)+$F7*$B$37)" となります。

　では、この方法でセル J6 を変形してほかのセルにコピペしましょう。

<Excel の作成 >

　　セル J6 "=$I6*cos($H6*(J$4+$B$36)+$F6*$B$37)"

これを、セル K6〜HB6 までコピペします。今度はセル J6〜HB6 を選び、セル J7〜J13 にコピペします。

・・

試しに矩形波をシフトさせてみましょう。π/2 シフトさせます。セル B37 に "=PI()/2" と入力します。

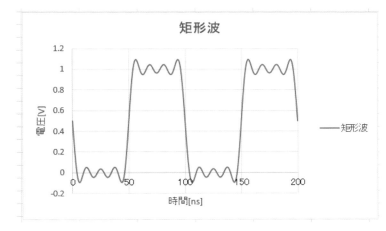

図 1-25

sheet "T_矩形波" は、上のグラフのようになりましたでしょうか。角度を π/2 足したので、元の波形の電圧が π/2 だけ早く現れることになり、波形が時間軸上、左（時間が早い側）へシフトします。

この本では触れませんが、矩形波を回路の入出力と考えた場合、例えばインバータの入力と出力など、論理の辻褄も合わせておきたい場合などにも使えます。入力と出力は反転の関係にあるので、出力を π シフトさせれば辻褄が合うわけです。

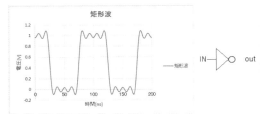 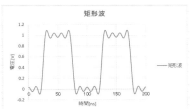

図 1-26

• Excel •

続いて、グラフの変数（パラメータ）は、電圧、周波数、Duty ですが、これらをグラフにも表示させておきましょう。凡例に追加します。時間波形とスペクトルの両方に追加します。

図 1-27

＜グラフ＞ sheet "T_矩形波"、sheet "S_矩形波"
　　→「グラフのデザイン」→「データ」→「データの選択」→「凡例項目の追加」を押す。系列名で各変数を選択し、X の値、Y の値は無視して「OK」を押す。
　　系列名　sheet 矩形波の "B2" を選択し「OK」。←電圧値

再び、「凡例項目の追加」を押し、

系列名　sheet 矩形波の "B4" を選択し「OK」。←周波数

再び、「凡例項目の追加」を押し、

系列名　sheet 矩形波の "B7" を選択し「OK」。← Duty

凡例にそれぞれの値が表示されたかと思います。次は、凡例内のグラフ用の線を消しましょう。

→「書式」→ 系列 "1" →「選択対象の書式設定」→「線」→「線なし」、マーカーもなしにする。

系列 "10"、系列 "50" に関しても線を消す。そして値の説明は、

電圧　[V]

周波数　[MHz]

Duty　[%]

を入力します。

→「挿入」→「図」→「図形」→「テキストボックス」で上記を入力。見やすい位置にテキストボックスを移動する。文字の大きさを 9 に、項目の間に行を追加し、行のサイズは 6 にしました。

さらに、スペクトルのグラフに各スペクトルが何であるかのコメント（ラベル）と、各スペクトルがどのように計算された結果なのか、式 (1-37) をグラフに記入しておくと便利です。書いておかないと結構忘れるものです。

各スペクトルのラベルはまず、表のセル A49〜B59 に書いておきます。

48		
49	高調波ラベル	
50	DC	0
51	1倍	10
52	2倍	20
53	3倍	30
54	4倍	40
55	5倍	50
56	6倍	60
57	7倍	70
58	8倍	80
59	ラベル 高さ	-0.4
60		

図 1-28

＜表＞sheet " 矩形波 "　**図 1-28**

セル A49 " 高調波ラベル " と書く。

セル A50 "DC"、セル A51 "1 倍 "、セル A52 "2 倍 "、セル A53 "3 倍 "、セル A54 "4 倍 "、セル A55 "5 倍 "、
セル A56 "6 倍 "、セル A57 "7 倍 "、セル A58 "8 倍 " と書く。これらを後でグラフに表示させます。

B 列は、表示させる X 軸上の位置です。DC、1 倍、2 倍…は、G 列の周波数に対応しているので、

セル B50 "=G5"、セル B51 "=G6"、セル B52 "=G7"、セル B53 "=G8"、セル B54 "=G9"、セル B55 "=G10"、セル B56 "=G11"、セル B57 "=G12"、セル B58 "=G13"、

セル A59 " ラベルの高さ " と書いておき、セル B59 にラベルを表示させる Y 方向の位置を入力します。

セル B59 " − 0.4"

では、スペクトルのグラフにラベルを表示させましょう。

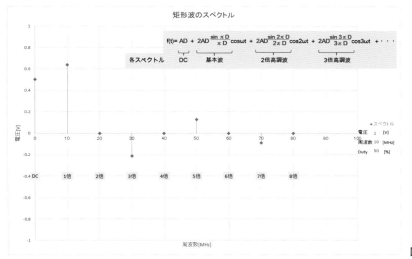

図 1-29

< グラフ > sheet "S_ 矩形波 "

　グラフを選択し、

　　　→「グラフのデザイン」→「データ」→「データの選択」→「凡例項目の追加」を押す。

　　　系列名　　sheet 矩形波 のセル A50 を選択　← DC のラベル

　　　系列 X の値　　セル B50　←ラベルの X 方向位置、0

　　　系列 Y の値　　セル B59　←ラベルの Y 方向位置、− 0.4

　高調波（1 倍）のラベルも追加します。

　　　→「グラフのデザイン」→「データ」→「データの選択」→「凡例項目の追加」を押す。

　　　系列名　　sheet 矩形波 のセル A51 を選択　← 1 倍ラベル

　　　系列 X の値　　セル B51　←ラベルの X 方向位置、10

　　　系列 Y の値　　セル B59　←ラベルの Y 方向位置、− 0.4

以下同様に、"8 倍 " のラベルまで追加します。では、ラベルを表示させましょう。グラフを選択して、

　　　→「グラフのデザイン」→「グラフ要素を追加」→「データラベル」→「その他データラベルのオプ
　　　　ション」を選ぶ。

　各プロットに Y の値が表示されました。数値を表示させたいわけではないので、まず系列 " スペクトル "
のラベルを消します。グラフを選び、

　　　→「書式」→「現在の選択範囲」→ 系列"スペクトル"データラベル →「選択対象の書式設定」→「ラ
　　　　ベルオプション」→ Y の□のチェックを消す。

　同様に、系列 "1"、系列 "10"、系列 "50" についても、Y の□のチェックを消す。

　そして、表示させたいラベルの選択です。

　　　→「書式」→「現在の選択範囲」→ 系列 "DC" データラベル →「選択対象の書式設定」→「ラベルオ
　　　　プション」→ 系列名の□をチェック、Y の□のチェックを消す。ラベルの位置は○中央をチェッ

クする。同様に、

　　　→「書式」→「現在の選択範囲」→ 系列 "1 倍 " データラベル →「選択対象の書式設定」→「ラベル
　　　オプション」→ 系列名の□をチェック、Y の□のチェックを消す。ラベルの位置は○中央をチェッ
　　　クする。

を、"8 倍 " データラベルまで行います。スペクトルを説明するラベルが追加されました。不要なものは
消しておきます。グラフを選び、

　　　→「書式」→「現在の選択範囲」→ 系列 "DC" →「選択対象の書式設定」→「系列のオプション」→
　　　「マーカー」→「マーカーのオプション」→「なし」

　　　系列 "1 倍 " 以降もマーカーをなしにします。

　凡例の追加された、DC、1 倍 … 8 倍も消しておきましょう。消したい文字をクリックし、水色の点が
出たところで [Delete] すればよいです。

　さらにラベルを見やすくするため、

　　　→「書式」→「現在の選択範囲」→ 系列 "DC" データラベル →「選択対象の書式設定」→「塗りつぶ
　　　し」→「薄いオレンジ」を選びました。

　最後に式 (1-37) をグラフの上のほうに書き込んだのが、**図 1-29** です。

　時間波形、スペクトルともに形が整いました。後は高調波の計算数を増やして、より矩形波らしくして、
この項 1.2(b) の説明は終わります。

　一気に 100 倍高調波まで増やしましょう！

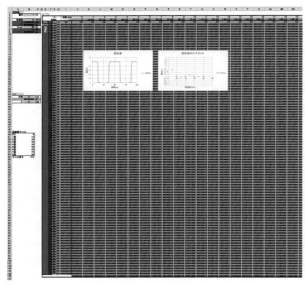

図 1-30

< 表 > sheet " 矩形波 "

　まず、14 行目を 106 行目に移します。次にセル E7 の " 高調波 " コメントのセルの結合を解除し、セル
E13〜HB13 まで選択して、セル E14〜E105 にコピペします。セルの結合を戻しておきましょう。セル

E7〜E105 を結合します。

　次は、移しておいた 106 行目の足し算の範囲を広げます。

　セル J106 "=SUM(J5:J13)" を、"=SUM(J5:J105)" に修正し、このセル J106 を、セル K106〜HB106 へコ
ピペします。

　スペクトルのプロット数も 100 倍高調波まで広げましょう。

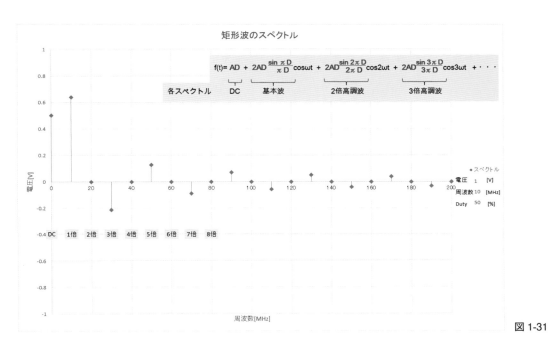

図 1-31

< グラフ > sheet "S_ 矩形波 "

　グラフを選択して、

　　→「グラフのデザイン」→「データ」→「データの選択」→「スペクトル」を選んで編集を押す。系
　　　列 X の値、系列 Y の値ともに、5 行目〜105 行目までに選択し直す。

　プロットが増えたかと思います。周波数 X 軸の表示は、倍の 200[MHz] に広げましょう。

　図 1-31 になりました。

● ●

　参考に、8 倍高調波までの時間波形、30 倍高調波までの時間波形、60 倍高調波までの時間波形、90 倍
高調波までの時間波形、100 倍高調波までの時間波形を並べてみます（**図 1-32**）。

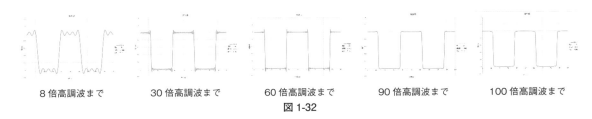

8 倍高調波まで　　　30 倍高調波まで　　　60 倍高調波まで　　　90 倍高調波まで　　　100 倍高調波まで

図 1-32

1. フーリエ級数

　ここで現実に測定器によって得られるような実測波形を思い出すと、計算する高調波を8倍までに限定しているグラフが現実の波形と異なるのは理解できますが、90倍高調波まで計算した波形と100倍まで計算した波形も実測ではあまり見ない形をしていることに気づかれる方もいらっしゃるかと思います。これは、Excelで計算しているプロットの数が十分でないことが原因です。高次の高調波はスピードが速いので、短時間で変化します。プロットの間隔が広いと短時間の変化を拾いきれなくなってしまいます。下図を見てください。**図1-32**の100倍高調波までの波形と、その横に同じく100倍高調波まででではあるが、計算するプロットの時間間隔を半分まで細かくした波形を乗せました。波形の半分は省略しましたが、不自然に丸まっていた波形の立ち上がりと立ち下りが、本来予想される形に復活していることが確認できます。

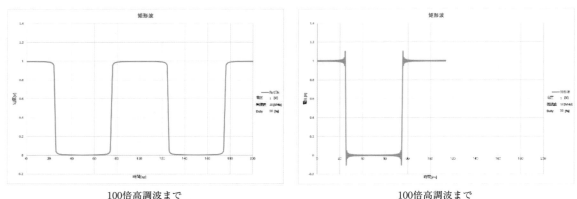

100倍高調波まで　　　　　　　　　　　100倍高調波まで
（再現失敗）　　　　　　（プロットの時間間隔を細かく（半分に）修正）

図 1-33

　グラフは計算である限り、計算のプロット数が正確さと直結します。計算するプロット数が十分でないと結果を誤解してしまう危険性が常にあるので、おかしいと思ったらチェックしていただきたいです。
　次節以降は、50倍高調波までの波形を使おうと思います。

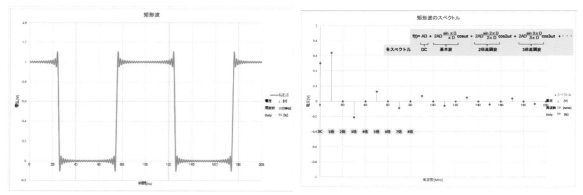

図 1-34

　見た目は実測の波形に見劣りしないと思いますが、いかがでしょうか？　抵抗や容量など、信号に負荷がない矩形波が、このような形をしていることを記憶しておくと役立つと思います。

　これで三角フーリエ級数を使って作る矩形波が完成しました。章の冒頭の例で表現するならば、レストランの料理（電子機器の主役とも言える矩形波）が、馴染みの材料と調理器具（高校で学んだ三角関数 sin、cos）で完璧に再現できたわけです。

(c) 矩形波の複素フーリエ級数（指数フーリエ級数）展開

　前項で、矩形波を三角フーリエ級数展開することにより、時間波形とスペクトルのグラフを作成しました。この項では、矩形波を複素形フーリエ級数で展開してみたいと思います。

　複素形フーリエ級数は、

$$f(t) = \sum_{m=-\infty}^{\infty} C_m\, e^{j\,m\omega t} \qquad (t_0 \leqq t < t_0 + T)$$

$$c_m = \frac{1}{T} \int_0^T s(t)\, e^{-j\,m\omega t}\, dt \qquad (m = 0,\ \pm 1,\ \pm 2,\ \pm 3, \cdots) \tag{1-40}$$

であり、Σ 記号を使わずに書くと、

$$
\begin{aligned}
f(t) =\ & C_1\, e^{j\,1\omega t} + C_2\, e^{j\,2\omega t} + C_3\, e^{j\,3\omega t} + C_4\, e^{j\,4\omega t} + \cdots \\
& + C_0 \\
& + C_{-1}\, e^{-j\,1\omega t} + C_{-2}\, e^{-j\,2\omega t} + C_{-3}\, e^{-j\,3\omega t} + C_{-4}\, e^{-j\,4\omega t} + \cdots
\end{aligned}
\tag{1-41}
$$

でした。時間 t により周期的に変化するのは、$e^{\pm j\,n\omega t}$ 部分で、角周波数は $\pm n\omega$、大きさの最大値は 1 であることは第 0 章の公式 0.7（a）ガウス座標（複素座標）で説明しています。それぞれの周波数での変動 $e^{\pm j\,n\omega t}$ の係数 C_m がスペクトルです。

　級数の係数を式 (1-40) の積分から求めてもよいですが、すでに三角フーリエ級数展開が済んでいるので、1.1 節の最後、図 1-3 の変換式を使って求めたいと思います。

　1.2（a）" 矩形波のフーリエ級数展開 " の項で計算した三角フーリエ級数の係数 a_0、a_n、b_n は

$$a_0 = AD, \qquad a_n = 2AD\frac{\sin(n\pi D)}{n\pi D}, \qquad b_n = 0 \tag{1-42}$$

でしたので、変換の式

$$c_0 = a_0, \qquad c_n = \frac{a_n - jb_n}{2}, \qquad c_{-n} = \frac{a_n + jb_n}{2} \qquad (n = 1,2,3,\cdots 自然数) \tag{1-43}$$

を使うと、複素形フーリエ級数の係数（スペクトルの大きさ）は、

$$c_0 = AD, \qquad c_n = AD\frac{\sin(n\pi D)}{n\pi D}, \qquad c_{-n} = AD\frac{\sin(n\pi D)}{n\pi D} \qquad (n = 1,2,3,\cdots 自然数) \tag{1-44}$$

となります。結果を比較すれば明らかですが、$a_n = c_n + c_{-n}$ の関係があり、a_n の値を半分ずつ c_n と c_{-n} が分け合っていることがわかります。

$a_n = c_n + c_{-n}$ かつ、c_n と c_{-n} の大きさが等しいことから、複素形フーリエ級数展開により矩形波のスペクトルのグラフを作ると、

・c_0 のスペクトルを真ん中にして、n と $-n$ に対応する大きさが等しいスペクトルが対称に並ぶ。

・各スペクトルの大きさは、三角フーリエ級数展開したスペクトルの半分の大きさになる。

ことが予想できます。ここで、複素形フーリエ級数の変動する各項 $e^{\pm jn\omega t}$ を、こう書き換えるとどうでしょうか。$e^{j(\pm n\omega)t}$、これを見ると角周波数 $n\omega$ に正と負が存在すると解釈できそうです。そうすると、上の予想は次のように書き換えられます。矩形波のスペクトルは、

・周波数 0 の Y 軸に対して、正の周波数と負の周波数の大きさが等しいスペクトルが対称に並ぶ。

・各スペクトルの大きさは、周波数を正に限定したときの半分の大きさになる。

実際にスペクトルと時間波形のグラフを作ってみましょう。時間波形は三角フーリエ級数の場合と完全一致するハズです。

・・・・・・・・・・・・・・・・・・・・・・・・・・ Excel ・・・・・・・・・・・・・・・・・・・・・・・・・・

＜表＞sheet "矩形波 (複素)"

まず、計算用の sheet "矩形波" をコピーしましょう。名前は "矩形波 (複素)" としました。やり方は単純で、DC 以外の全てのスペクトルの大きさを半分にし、負の周波数のスペクトルも加えます。

I 列のスペクトルの式についている "2*" 部分を消去しましょう。セル I6 であれば、

セル I6 "=$B$2*$B$8*(SIN($F6*PI()*$B$8)/($F6*PI()*$B$8))" に変えます。この I6 のセルを、セル I7〜I55 にコピペします。

次にセル E56〜HB56 を 106 行目に移動します。そしてセル E6〜HB55 を選択（Ctrl + Shift と、→ 右矢印、↓ 下矢印の操作）し、セル E56 にコピペします。

表の上を正の周波数、コピーした表の下（56 行目より下）を負の周波数としましょう。

セル F56 "－1"

セル F57 "=F56-1" と入力し、F57 のセルをセル F58〜F105 までコピペしましょう。60 行目付近は下図のようになっているハズです。

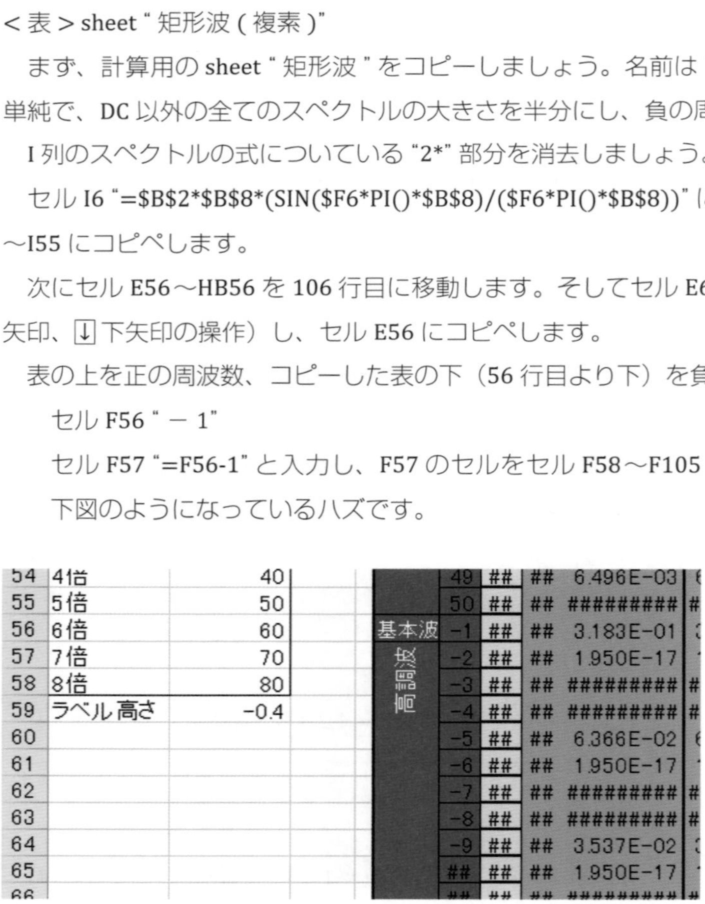

図 1-35

次に、各スペクトルの和である、106 行目を修正します。

　　セル J106 "=SUM(J5:J55)" を、"=SUM(J5:J105)" に修正し、これをセル K106〜HB106 へコピペする。

＜グラフ＞ sheet "S_ 矩形波 (複素)"

　では、先にスペクトルのグラフを作りましょう。Sheet "S_ 矩形波 " をコピーして、名前を "S_ 矩形波 (複素)" に変えます。そしてデータの参照先を sheet " 矩形波 (複素)" に変更していきます。

　グラフを選択して、

　　→「ラフグのデザイン」→「データ」→「データの選択」→「スペクトル」を選んで、「編集」を押す。

　　系列 X の値　sheet " 矩形波 (複素)" の、セル G5〜G105

　　系列 Y の値　sheet " 矩形波 (複素)" の、セル I5〜I105 を選択する。

　　→「データの選択」で「凡例項目」に現れているその他の系列も全て sheet " 矩形波 (複素)" に置き
　　　換えましょう。

　編集時に sheet " 矩形波 (複素)" のタブをクリックするだけで、変更したいセルを選んでくれるハズです。最後にグラフの X 軸を選択し、表示の範囲を− 200〜200 へ変更します。

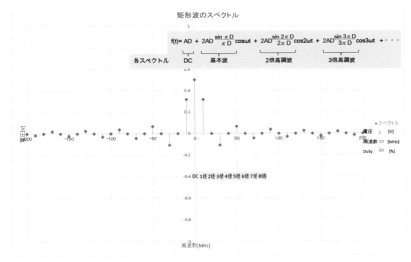

図 1-36

　上図のようになったでしょうか？　気になる場合は、上の三角フーリエ級数の数式のコメントを消してください。

　三角フーリエ級数でのスペクトルのグラフ、sheet "S_ 矩形波 " と比較して予想どおりのスペクトルのグラフになったか確認していただきたいです。

＜グラフ＞ sheet "T_ 矩形波 (複素)"

　では、時間波形のグラフも作りましょう。Sheet "T_ 矩形波 " をコピーして、名前を "T_ 矩形波 (複素)" に変えます。そしてスペクトルと同じように、データの参照先を sheet " 矩形波 (複素)" に変更していきます。

グラフを選択して、

> → 「グラフのデザイン」→「データ」→「データの選択」→ 矩形波を選んで、「編集」を押す。
> 系列名　sheet"矩形波(複素)"のタブをクリックするだけ
> 系列Xの値　sheet"矩形波(複素)"のタブをクリックするだけ
> 系列Yの値　sheet"矩形波(複素)"の、セルJ106〜HB106　を選び直す。

グラフは全く変化しないハズです。変わってしまっては困ります。

> → 「データの選択」で「凡例項目」に現れている電圧や周波数の参照先も全てsheet"矩形波(複素)"に置き換えましょう。

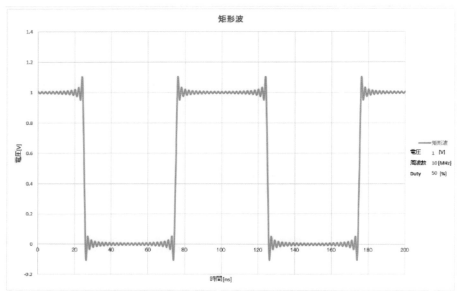

図 1-37

　複素形フーリエ級数と三角フーリエ級数が、同じスペクトルを違う表現にしているだけだということを納得いただけたことと思います。

・・・

1.3　矩形波以外の例（のこぎり波）と虚数のスペクトル

　矩形波以外のフーリエ変換もやってみましょう。スイッチング電源回路に使われることもある、のこぎり波を例に取ります。のこぎり波はその名のとおり、

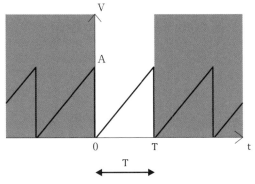

図 1-38

のような形をしています。ここでは複素フーリエ展開をやってみます。複素フーリエ―級数は、

$$f(t) = \sum_{m=-\infty}^{\infty} C_m \, e^{j\,m\omega t} \qquad (t_0 \leqq t < t_0 + T)$$

$$c_m = \frac{1}{T} \int_0^T s(t) \, e^{-j\,m\omega t} \, dt \qquad (m = 0, \ \pm 1, \ \pm 2, \ \pm 3, \cdots)$$

(1-45)

でした。さっそく級数の係数（スペクトル）を計算してみましょう。計算するのこぎり波の一周期間を $0 \leqq t < T$ にとれば、この期間でのこぎり波 $s(t)$ は、時間に正比例する直線なので、At/T です。これを c_m の式に入れて積分します。

$$s(t) = \frac{A}{T}t \quad (0 \leqq t < \mathrm{T})$$

$$c_m = \frac{1}{T} \int_0^T (\frac{A}{T}t) \, e^{-j\,m\omega t} \, dt \ = \frac{A}{T^2} \int_0^T t \, e^{-j\,m\omega t} \, dt \qquad (m = 0, \ \pm 1, \ \pm 2, \ \pm 3, \cdots)$$

積分を先にすませます

$$\int t \, e^{-j\,m\omega t} \, dt = -\frac{1}{jm\omega} t \, e^{-j\,m\omega t} + \frac{1}{jm\omega} \int e^{-j\,m\omega t} \, dt = \frac{j}{m\omega} t \, e^{-j\,m\omega t} + \frac{1}{m^2\omega^2} e^{-j\,m\omega t}$$

$$= \frac{1}{m^2\omega^2} e^{-j\,m\omega t} (jm\omega t + 1)$$

(1-46)

$$c_m = \frac{A}{T^2} \left[\frac{1}{m^2\omega^2} e^{-j\,m\omega t} (jm\omega t + 1) \right]_0^T \ = \ \frac{A}{m^2\omega^2 T^2} \{ e^{-j\,m\omega T} (jm\omega T + 1) - 1 \}$$

$$= \frac{A}{4\pi^2 m^2} \{ e^{-j\,2\pi\,m} (j2\pi m + 1) - 1 \} \qquad : \omega T = 2\pi$$

$$e^{-j\,2\pi\,m} = 1 \quad （オイラーの公式から導ける）より$$

$$c_m = \frac{A}{4\pi^2 m^2} \times j2\pi m \ = j\frac{A}{2m\pi}$$

c_0 については、上式では m が分母にあるので求められない。最初の式に戻って、

$$c_0 = \frac{A}{T^2} \int_0^T t\, e^{-j\,0\omega t}\, dt \ = \frac{A}{T^2} \int_0^T t\, dt \ = \frac{A}{2}$$

のこぎり波の複素フーリエ級数の係数（スペクトル）は、

$$C_0 = \frac{A}{2}$$

$$c_m = j\frac{A}{2m\pi} \qquad (m = \pm 1,\ \pm 2,\ \pm 3, \cdots) \tag{1-47}$$

これでスペクトルが求まったわけですが、c_0 はいいとして、$m \neq 0$ では c_m は、j が掛かった虚数になってしまいました。ここは見なかったことにして先へ進みます。われわれは複素フーリエ級数だけでなく三角フーリエ級数も知っています。ここでも、1.1 節の最後、**図 1-3** の変換式を使って、求めたスペクトルを三角フーリエ級数へ変換しましょう。

$$a_0 = c_0 \ 、 \quad a_n = c_n + c_{-n} \ 、 \quad b_n = j(c_n - c_{-n}) \qquad (n = 1,2,3, \cdots 自然数) \tag{1-48}$$

を使えば、

$$a_0 = \frac{A}{2} \ 、 \quad a_n = 0 \ 、 \quad b_n = \frac{-A}{n\pi} \qquad (n = 1,2,3, \cdots 自然数) \tag{1-49}$$

となり、のこぎり波を三角フーリエ級数で展開したスペクトルが求まりました。以上から、のこぎり波を三角フーリエ級数で書き表すと、

> のこぎり波：$f(t)$
>
> $$= \frac{A}{2} + \frac{-A}{\pi} \sin \omega t + \frac{-A}{2\pi} \sin 2\omega t + \frac{-A}{3\pi} \sin 3\omega t + \frac{-A}{4\pi} \sin 4\omega t + \ \cdot\ \cdot\ \cdot \tag{1-50}$$
>
> A：のこぎり波の電圧[V]、 ω：のこぎり波の基本（角）周波数

となります。矩形波と違い、$a_n = 0$ で、b_n のほうが値を持つので sin 波形の足し合わせになることに注意してください。

　グラフも作ってみましょう。矩形波のグラフの式を変えるだけですので難しくはありません。

・・・・・・・・・・・・・・・・・・・・・・・・・・ Excel ・・・・・・・・・・・・・・・・・・・・・・・・・

< 表 > sheet " のこぎり波 (三角)"

　矩形波の Excel をコピーし、シートの名前を " 矩形波 " → " のこぎり波 (三角)" に変えました。(三角) は、三角フーリエ級数に展開したことを示しています。

< 表 > のこぎり波 (三角)

　セル I5、I6、J6 の式をのこぎり波に変えましょう。

　　セル I5 "=$B$2*$B$8" → "=$B$2/2"

　　セル I6 "=2*$B$2*$B$8*(SIN($F6*PI()*$B$8)/($F6*PI()*$B$8))" → "=-$B$2/(PI()*$F6)"

　　セル J6 "=$I6*COS($H6*(J$4+$B$36)+$F6*$B$37)" → "=$I6*SIN($H6*(J$4+$B$36)+$F6*$B$37)"

変えた後、I6 のセルをセル I55 までコピペ、J6 のセルも今までと同じ要領でセル HB55 までの全てのセルにコピペすれば完成です。

　これをグラフ化したものが、時間波形

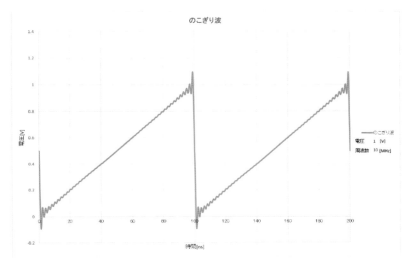

図 1-39

です。のこぎり波のスペクトルでは、Duty は使われていないので表示を消しました。スペクトルは

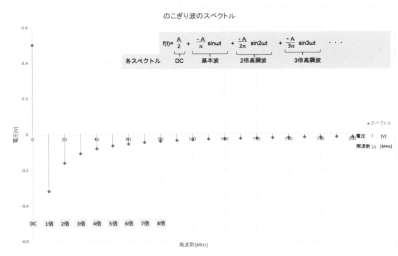

図 1-40

です。虚数 j が現れたときは不安になりましたが、のこぎり波が再現でしました。

さて、一度はなかったことにした複素フーリエ級数を計算して出た虚数のスペクトルですが、やはり気になるので意味を考えてみましょう。

まずは、矩形波とのこぎり波について、三角フーリエ級数使って求めたスペクトルと、複素フーリエ級数で求めたスペクトルを表にしてみます。

矩形波（DC）

三角フーリエ級数展開 a_0の計算結果	複素フーリエ級数展開 c_0の計算結果
AD	AD

のこぎり波（DC）

三角フーリエ級数展開 a_0の計算結果	複素フーリエ級数展開 c_0の計算結果
$\dfrac{A}{2}$	$\dfrac{A}{2}$

矩形波（基本波・高調波）

	三角フーリエ級数展開 a_nの計算結果（$b_n=0$）	複素フーリエ級数展開 $c_{\pm n}$の計算結果
正の周波	$2AD\,\dfrac{\sin(n\pi D)}{n\pi D}$	$AD\,\dfrac{\sin(n\pi D)}{n\pi D}$
負の周波		$AD\,\dfrac{\sin(-n\pi D)}{-n\pi D}$

のこぎり波（基本波・高調波）

	三角フーリエ級数展開 b_nの計算結果（$a_n=0$）	複素フーリエ級数展開 $c_{\pm n}$の計算結果
正の周波	$\dfrac{-A}{n\pi}$	$j\,\dfrac{A}{2n\pi}$
負の周波		$j\,\dfrac{A}{2(-n)\pi}$

図 1-41

DC を計算した結果は、三角フーリエ級数使っても複素フーリエ級数を使っても同じです。

下の表は基本波・高調波です。前節の 1.2（c）矩形波の複素フーリエ級数（指数フーリエ級数）展開で、複素フーリエ級数で展開すると、周波数が正だけでなく負の値も現れることを確認しました。ですので、基本波・高調波のスペクトルは正の周波数と負の周波数の 2 行に分けています。ここでは整数 m を使わずに自然数 n と符号で表しています。今のところ虚数 j が現れているのは、のこぎり波を複素フーリエ級数展開したスペクトルだけです。ここで、複素フーリエ級数の基本の式を確認してみましょう。式 (1-45) です。この式の $f(t)$ は

$$c_m e^{j\,m\omega t} \qquad\qquad (m = 0,\ \pm 1,\ \pm 2,\ \pm 3, \cdots) \qquad\qquad (1\text{-}51)$$

の足し合わせで作られるわけですが、この式にオイラーの公式を適応すると、

$$c_m e^{j\,m\omega t} = c_m(\cos m\omega t + j \sin m\omega t) \qquad\qquad (m = 0,\ \pm 1,\ \pm 2,\ \pm 3, \cdots) \qquad (1\text{-}52)$$

となります。この式から複素フーリエ級数でも cos と sin が基本波と高調波の周波数で変化していることがわかるわけですが、sin の係数を見てください。虚数 j が掛けられています。そうです。もともと複素フーリエ級数の係数（スペクトル）には虚数 j が含まれているのです。前項で矩形波を複素形フーリエ級数展開した結果、周波数が正だけでなく負へも広がりました。さらに、のこぎり波を複素フーリエ級数で展開することで、スペクトルの値が実数だけでなく虚数にまで広がっていることが確認されました。

さらに考察を続けましょう。実際に、のこぎり波のスペクトルを式 (1-51) に入れてオイラーの公式を適応させます。ここでも整数 m ではなく、自然数 n を使って正の周波数の場合と負の周波数の場合を別々

に計算します。

$$c_n e^{j n\omega t} \quad = j\frac{A}{2n\pi}(\cos n\omega t + j\sin n\omega t) \qquad = \frac{A}{2n\pi}(-\sin n\omega t + j\cos n\omega t)$$

$$c_{-n} e^{-j n\omega t} = j\frac{A}{2(-n)\pi}\{\cos(-n\omega t) + j\sin(-n\omega t)\} = \frac{A}{2(-n)\pi}\{-\sin(-n\omega t) + j\cos(-n\omega t)\}$$

(1-53)

オイラーの公式適応後の式を見てください。のこぎり波のスペクトルとして現れた j が cos と sin に掛けられることで、もともと実数を表していた cos が、−sin に替わり、虚数を表していた sin が、cos に変わりました。つまり、本書の矩形波のように実数のスペクトルを持つ信号では、cos が基本波・高調波を担っていたのに対し、のこぎり波のような虚数のスペクトルを持つ信号では、−sin が基本波・高調波を担うことになったわけです。一方の cos に変わった虚数項ですが、複素フーリエ級数（1-45）は、Σ 記号を使わずに表すと、式（1-41）のような足し算となりますのでプラスとマイナスの周波数の項どうしが打ち消し合い、消えてなくなります。さて、公式の章で、ガウス座標で虚数 j を掛けることは位相を 90° 進めることに等しいと書きました。今回確認された実信号の担い手の交代は、j が軸を 90° 回転させることで、信号を担っていた実数軸上の cos に替わって、虚数軸に隠れていた sin が主役に躍り出たと言えるかもしれません。そのことを知らせてくれるのがスペクトルに現れる虚数 j と言えそうです。

さて、のこぎり波も矩形波を複素フーリエ級数で展開したときのように、展開した結果を正と負の周波数を使ってそのままグラフにすることも可能です。

•••••••••••••••••••••••••••••• Excel ••••••••••••••••••••••••••••••

<表> sheet " のこぎり波 (複素)"

矩形波を複素形で計算したシートをコピーして使います。シートの名前を " 矩形波 (複素)" → " のこぎり波 (複素)" に変えました。A1 のセルも " のこぎり波 " に変更しましょう。

DC のスペクトルは、式 (1-47) で計算したように A/2 なので、セル I5 を A/2 にします。

　　セル I5 "=$B$2/2" と入力します。

　次にスペクトルの式を入力します。

　　セル I6 "=-1*$B$2/(2*PI()*$F6)"

　I 列は 56 行目から負の周波数になりますが、f 列の n が負に変わっているので負のスペクトルは正の式と同じ式を入力すればよいです。よって、I6 のセルをセル I105 までコピペします。

　複素フーリエ級数のスペクトルの式も、三角フーリエ級数の場合と同じく、先頭に－1 が付いています。複素フーリエ級数から導いたスペクトルにオイラーの公式を適用した、式（1-53）をみてください。実部 sin にはマイナスが付いています。

　これでスペクトルの修正はできました。ただ、これで完成ではなく、時間波形を計算している各セルも修正しなければなりません。なぜなら、のこぎり波では基本波・高調波を担うのは cos ではなく sin だからです。

　　セル J6 "=$I6*SIN($H6*(J$4+$B$36)+$F6*$B$37)" これは、矩形波 (複素) の COS を SIN に変えただけの式です。後は今までと同じ要領でセル J6 を HB106 までのセル全てにコピペするだけです。

< グラフ > sheet "T_のこぎり (複素)"

　時間波形のグラフを作りましょう。これも矩形波のグラフをコピーして参照先を変えるだけです。Sheet "T_ 矩形波 (複素)" → sheet "T_ のこぎり (複素)" に変えて、のこぎり波のグラフとしました。そのほか、グラフの名称なども変えて、

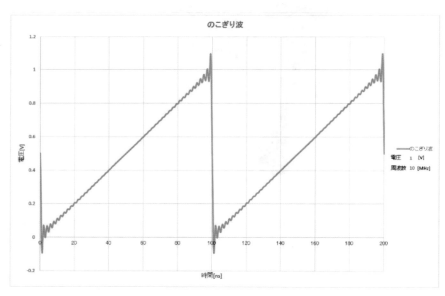

図 1-42

としました。

＜グラフ＞ sheet "S_ のこぎり (複素)"

　そしてスペクトルのグラフです。これも、矩形波で作ったものをコピーして参照先を変えます。

　　　Sheet "S_ 矩形波 (複素)" → sheet "S_ のこぎり (複素)"

参照するスペクトル値 (Y) は、sheet " のこぎり波 (複素)" のセル I5 〜 I105 です。グラフの名前なども変更し、のこぎり波のスペクトルは、

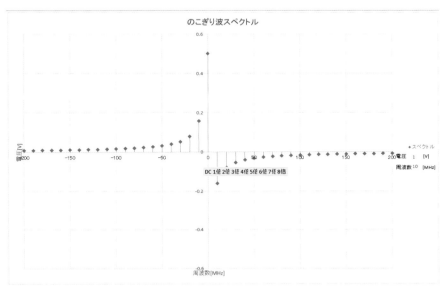

図 1-43

となりました。

● ●

2. ラプラス変換

　ラプラス変換は、微分方程式を代数的に解く方法です。ヘヴィサイド（1859〜1925 年）が電気工学の分野で提唱し、それ以前にラプラス（1749〜1827 年）が使っていた数学的に厳密なやり方を標準として、今日まで使われて続けています。電気回路に複素数を導入したのもヘヴィサイドです。さらに遡ると、オイラー（1707〜1783 年）も独自に微分方程式を解くために応用していたとのことです。ここからはラプラス変換を使って、電圧・電流を印加した回路の応答を解いていきます。もちろん、フーリエ級数で学んだことを無駄にはしません。

2.1　LCR の電圧、電流特性

　ラプラス変換で回路を解く準備としてまず、抵抗 R、インダクタンス L（理想的なコイル）、キャパシタンス C（理想的なコンデンサ）の電圧・電流特性を簡単におさらいしておきましょう。時間変化する電圧 $v(t)$ と電流 $i(t)$ は小文字で書くことにします。ここで $v(t)$ と $i(t)$ は、cos や sin の形で時間変化する信号をイメージしてください。

抵抗

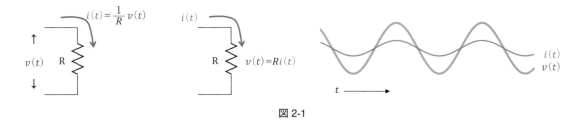

図 2-1

　上図に、抵抗 R の両端に電圧 $v(t)$ を印加したときに流れる電流 $i(t)$ と、逆に電流 $i(t)$ を抵抗 R に流し込んだときに抵抗 R の両端に現れる電圧 $v(t)$ の式を示しました。抵抗は電圧 / 電流比がもともとの定義なので、電圧または電流の大きさ（信号の振幅）がわかれば、もう一方もわかります。

　加えて、抵抗は電圧信号と電流信号の時間波形がお互い同位相になるように働きます。つまり、抵抗に印加した電圧の大きさがピークのとき、電流の大きさもピークになると言うことです。回路に抵抗だけでなく、インダクタンスやキャパシタンスがあると位相が一致するとは限りません。インダクタンスとキャパシタンスは電圧信号と電流信号の位相を 90°変えようとし、抵抗は同位相のままにしようとします。その結果、L、C、R の大きさのバランスで電圧信号と電流信号の位相差は 0°を真ん中に、−90°〜+90°の間の値に定まることになります。

インダクタンス

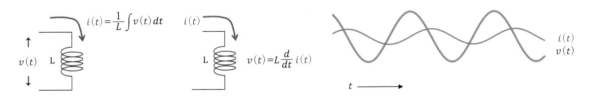

図 2-2

上図に、インダクタンス L の両端に電圧 $v(t)$ を印加したときに流れる電流 $i(t)$ と、逆に電流 $i(t)$ をインダクタンス L に流し込んだときにインダクタンス L の両端に現れる電圧 $v(t)$ の式を示しました。$v(t)$ を印加したときの $i(t)$ は、$v(t)$ を積分した値となっています。逆に $i(t)$ を印加したときの $v(t)$ は、$i(t)$ を微分した値となっています。微分の式からわかるのは、インダクタンスに印加する電流の時間変化が大きいほど、その両端に現れる電圧は大きくなるということです。

電圧信号と電流信号の位相はどうでしょうか？ インダクタンスに電圧信号を印加した場合、流れる電流信号の位相は、電圧信号より 90°遅れます。逆に言うと、電圧信号の位相は、電流信号の位相より 90°進むことになります。この位相の関係はすでに式に含まれています。これを微分の式で説明します。まずその前に、電圧信号の位相が、電流信号の位相より 90°進むとは、$\cos \omega t$ の形をした電流信号があったとして、その位相 ωt に $\pi/2$ を足すことになるので、$\cos(\omega t + \pi/2) = -\sin \omega t$ が電圧信号の形です。次に微分の式を見ましょう。同じように印加する電流信号が $\cos \omega t$ の形をしていたとします。式から、電圧信号はこれを微分した $-\sin \omega t$ の形をしていることになります（位相の話をしているので頭にかかる ω や L は無視しています）。位相 ωt に $\pi/2$ を足して直接 90°進めさせた電圧信号と、微分して導かれた電圧信号の形が一致しました。

電流信号を $\cos \omega t$ ではなく、複素信号に拡張した $e^{j\omega t} = \cos \omega t + j \sin \omega t$ とした場合も同じです。これを t で微分すれば j を掛けることになり、$j \cdot e^{j\omega t} = -\sin \omega t + j \cos \omega t$、これは元の信号 $e^{j\omega t}$ の位相を 90°進める操作、$e^{j(\omega t + \pi/2)} = \cos(\omega t + \pi/2) + j \sin(\omega t + \pi/2) = -\sin \omega t + j \cos \omega t$ と同じことです。インダクタンスのインピーダンスを $j\omega L$ で表すフェーザー法の虚数の意味も、電圧信号と電流信号の位相の関係を数式化していると考えれば納得いただけるかと思います。

キャパシタンス

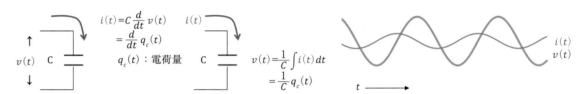

図 2-3

　上図に、キャパシタンス C の両端に電圧 $v(t)$ を印加したときに流れる電流 $i(t)$ と、逆に電流 $i(t)$ をキャパシタンス C に流し込んだときにキャパシタンス C の両端に現れる電圧 $v(t)$ の式を示しました。キャパシタンスを含む回路をラプラス変換で解く場合、キャパシタンスに充電されている電荷量 $q_c(t)$ を使うと積分を回避して計算が楽になるため、電流 $i(t)$ を電荷量 $q_c(t)$ へ変換してラプラス変換を行う方法が一般的です。そのため、$q_c(t)$ の式も書いておきました。しかし、この本では $q_c(t)$ への書き換えはせず、愚直に積分で説明していきたいと思います。さて、$v(t)$ と $i(t)$ の微分と積分の関係は、インダクタンスの場合と逆になっています。キャパシタンス C に印加する電圧の時間変化が大きいほど、流れる電流が大きくなることは微分の式から明らかです。

　キャパシタンス C に印加された電圧信号と電流信号の位相の関係ですが、電圧信号の位相が、電流信号の位相より 90° 遅れます。今度は積分の式でこの位相の関係を見てみましょう。まず、電圧信号の位相が、電流信号の位相より 90° 遅れるとは、$\cos \omega t$ の形をした電流信号があったとして、その位相 ωt から $\pi/2$ を引くことになるので、$\cos(\omega t - \pi/2) = \sin \omega t$ が電圧信号の形です。次に積分の式から印加する電流信号が $\cos \omega t$ の形をしていた場合、電圧信号はこれを積分した $\sin \omega t$ の形をしていることになります（位相の話をしているので今回も頭にかかる $1/\omega$ や $1/C$ は無視しています）。位相 ωt から $\pi/2$ を引いて直接 90° 遅れさせた作った電圧信号と、積分して導かれた電圧信号の形が一致しました。

　電流信号を $\cos \omega t$ ではなく、複素信号に拡張した $e^{j\omega t} = \cos \omega t + j \sin \omega t$ とした場合も同じです。これを積分すれば j で割ることになり、$e^{j\omega t}/j = \sin \omega t - j \cos \omega t$、これは元の信号 $e^{j\omega t}$ の位相を 90° 遅らせる操作、$e^{j(\omega t - \pi/2)} = \cos(\omega t - \pi/2) + j \sin(\omega t - \pi/2) = \sin \omega t - j \cos \omega t$ と同じことです。キャパシタンスのインピーダンス $1/j\omega C$ で表すフェーザー方の虚数の意味も、電圧信号と電流信号の位相の関係を数式化していると考えれば納得いただけると思います。

　L、C、R が単独であれば、微分や積分を行うことで電圧信号を印加したときの電流の応答、電流信号を印加した場合の電圧の応答はなんとか計算できそうです。しかし、現実には単独で使用することは稀で、大抵は複数個の L、C、R が組み合わされた回路を扱うことになります。すでに説明しました L、C、R それぞれの電圧信号と電流信号の関係式から想像されますように、これらが組み合わされた回路では、電圧または電流信号と、その微分、さらに積分で構成された微分方程式を解かなければならなくなります。これは簡単ではありません。しかし、この微分方程式を効率よく解く方法の一つがこれから行うラプラス変換です（ラプラス変換は電気回路の微分方程式だけが対象というわけではありません）。この本ではラプラス変換の電気回路への応用を中心に説明していきます。

　この本でのラプラス変換で電気回路を解くおおまかな手順は以下のとおりです。
① 回路の電圧と電流を、微分方程式で記述する。ラプラス変換で微分方程式を解くまでは、電圧信号と電流信号は記号のままとする（具体的な信号を代入しない）。
② ラプラス変換を行い、時間（変数）t の微分方程式を、像変数 s を使った像空間の方程式に書き直す。
③ 像空間で代数的な式の変形を行って、答えを表す式に書き換える。
④ ラプラス逆変換を行い、変数 s の像空間の方程式を変数 t の通常の式に戻す。これで微分方程式は解けている。
⑤ 求めた式に、印加する電圧または電流信号を入れる。大抵は、畳み込み積分が必要になる。

　この手順はあまり一般的なものではないかもしれません。一般的な方法は①の段階で印加信号を入れてしまい、初めから印加信号ごとラプラス変換してしまうものかと思います。それぞれ面倒さにおいて一長一短がありますが、この本の手順では、⑤で印加信号をさまざまに変えて、④までに解いた式を繰り返し使う意図があります。この手順の場合、畳み込み積分が面倒な反面、部分分数の変形などの特殊なスキルは必要ありません。また、後で説明しますが、計算済みの結果を使用する場合にも都合がよいです。

　さて、ラプラス変換を使って実際に微分方程式を解くには、いろいろな関数のラプラス変換とラプラス逆変換、像空間で使える公式など、知っておくべきことがたくさんあります。しかし、それらの説明を読むことから始めると微分方程式にいく前に断念したくなりがちです。そこでいきなりですが、使用する変換法則や公式を最小限だけ示して、実際の電気回路を解いてみることにします。解くのは、最も使われる場面が多いと思われる積分回路にします。積分回路以外は特に興味がないと考えておられる方も多いのではないでしょうか。

2.2　積分回路

　積分回路は

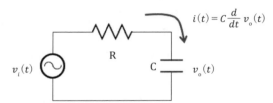

$$i(t) = C \frac{d}{dt} v_o(t)$$

図 2-4

のように、抵抗 R とキャパシタンス C のコンデンサをつないだ回路です。左から入力された信号の波形は、R と C によってその形状が変わります（なまる）。知りたいのは積分回路通過後に、信号波形がどのように変わるかです。入力する電圧信号を $v_i(t)$ とし、R と C のつなぎ目に出力として現れる電圧信号（C の両端に印加される電圧）を $v_o(t)$、電流信号を $i(t)$ とします。$v_i(t)$ は、R にかかる電圧 R × $i(t)$ と C にかかる電圧 $v_o(t)$ に分圧されるので、

$$v_i(t) = R\,i(t) + v_o(t)$$

です。電流は分流する経路はなく、$i(t)$ はそのまま C に流れる電流となるので、前節のキャパシタンスで説明したとおり、

$$i(t) = C \frac{d}{dt} v_o(t)$$

です。結果、入力電圧 $v_i(t)$ と出力電圧 $v_o(t)$ の関係は、次の微分方程式になります。

$$v_i(t) = R\,i(t) + v_o(t) \;\; = RC\frac{d}{dt}v_o(t) + v_o(t) \tag{2-1}$$

次はいよいよラプラス変換を行いますが、この本では微分方程式を解く間は、

    入力する信号：$f(t)$、ラプラス変換後 $F(s)$

    求める信号　：$x(t)$、ラプラス変換後 $X(s)$

と、信号の記号を上記に統一します。ラプラス変換、ラプラス逆変換を行って微分方程式を解く間は回路のことは考慮する必要ななく、純粋に算術です。求める信号が電圧なのか電流なのかなど気にせずに解けばよく、与えられたもの $f(t)$、$F(s)$、求めたいもの $x(t)$、$X(s)$ と、記号を決めたほうが、違う微分方程式の計算過程を参考にする場合など、比較が容易になります。

ここでは、$v_i(t) = f(t)$、$v_o(t) = x(t)$ とするので、式 (2-1) を

$$f(t) = RC\,x'(t) + x(t) \tag{2-2}$$

と書き換えました。

ラプラス変換（ラプラス積分）の定義を示しましょう。原関数（時間 t の関数）である $f(t)$ に、e^{-st} を掛けて無限積分し、像関数（s の関数）である $F(s)$ を作る式です。

$$F(s) \;\; = \int_0^{+\infty} e^{-st} f(t)dt \qquad (0 \leqq t < +\infty) \tag{2-3}$$

面倒そうですが、この式を直接使わなければならない場面は少なく、主な関数のこの式による計算結果はわかっているので、その結果を使えます。この定義式で、t は 0 から + ∞ の区間で定義されています。回路を解くうえでは時間が正に限定されることに何ら問題はないと思います。また、s は実部が正の複素数であってもよいです。

ラプラス変換は $f(t)$ を t に関して無限積分を行って、t が消えた s の関数に変換するわけですが、この逆の過程がラプラス逆変換です。s の関数を逆変換して s が消えた t の関数にします。まずは式 (2-2) を解くために必要なラプラス変換の最低限の法則のみ説明して先へ進みます。最初は "線形法則" です。変換前の関数 $f(t)$ と $g(t)$ があり、これらをそれぞれラプラス変換した関数が $F(s)$ と $G(s)$ になるとします。さらに a と b を定数とすると、

ラプラス変換→

$$a\,f(t) + b\,g(t) \quad \Longleftrightarrow \quad a\,F(s) + b\,G(s) \tag{2-4}$$

←ラプラス逆変換

が成り立ちます。つまり、原関数と定数の掛け算と、原関数の和（差）での連結は、ラプラス変換後もそのまま維持されるということです。もちろんこの逆、ラプラス逆変換も同じです。

次は t で微分された関数のラプラス変換です。

$$f'(t) \quad \Leftrightarrow \quad s\,F(s) - f(t=0) \tag{2-5}$$

$f(t)$ をラプラス変換した結果が $F(s)$ だとわかっていれば、$f(t)$ を微分した $f'(t)$ のラプラス変換は、法則 (2-5) の右の式になるということを言っています。$f(t=0)$ があるので、s のみを変数とするはずの像関数の側に t の関数がきているように見えますが $f(t=0)$ は、$f(t)$ の t が 0 のときの値で、$f(t)$ に $t=0$ を代入すれば定数になります。ですので、ラプラス変換後に変数 t はなく、変数 s のみの関数となります。この法則は、定義式 (2-3) から導かれますが、ここではそういうものとして先へ進みましょう。式 (2-2) の微分方程式をラプラス変換するのに使っている法則はこれだけです。

　実際の式の変形の前に、ラプラス逆変換時に必要な法則も上げておきましょう。

$$e^{at} \quad \Leftrightarrow \quad \frac{1}{s-a} \tag{2-6}$$

そして、"畳み込み積分" の合成法則です。畳み込み積分の記号は、" ＊ " です。

$$f(t) * g(t) \quad \Leftrightarrow \quad F(s) \cdot G(s)$$
$$f(t) \cdot g(t) \quad \Leftrightarrow \quad F(s) * G(s) \tag{2-7}$$

公式 (2-6) は、像関数を右の分数の形に変形できたものは、時間 t で変化する実空間では e の at 乗に変換できることを示しています。法則 (2-7) の意味はと言うと、上の式は像関数と像関数の掛け算は、実空間では、それぞれの原関数どうしの畳み込み積分に相当すると言うことです。また逆に、実空間での関数と関数の掛け算は、それぞれをラプラス変換した像関数どうしの畳み込み積分に相当します。それが下の式です。定数と関数の掛け算であればすでに説明した線形法則に沿うだけで畳み込み積分 " ＊ " は必要ありません。

　では、畳み込み積分とはどんなものでしょうか？

$$f(t) * g(t) = \int_0^t f(t-\tau)\,g(\tau)d\tau \qquad (0 \leqq t < +\infty)$$
$$F(s) * G(s) = \int_0^s F(s-\tau)\,G(\tau)d\tau \qquad (0 \leqq s < +\infty) \tag{2-8}$$

です。複雑です。覚えにくいですが式の構成と、計算後に残る変数が先に出てくる（積分範囲の上と、関数の括弧の最初）ことを糸口に、なんとか記憶しましょう。τ は積分のためだけに導入された変数で、畳み込み積分の中でしか使いません。この見るからに面倒そうな畳み込み積分は、残念なことに避けられないので我慢して計算するしかありません。

　畳み込み積分は交換法則が成り立ちます。

$$f(t) * g(t) = g(t) * f(t)$$
$$F(s) * G(s) = G(s) * F(s) \tag{2-9}$$

　積分回路の微分方程式を解くのに必要な法則は説明しました。それではいよいよ、式 (2-2)

$$f(t) = RC\,x'(t) + x(t) \tag{2-2}$$

をラプラス変換してみましょう。簡単です。

$$F(s) = RC\{sX(s) - x(t=0)\} + X(s) \tag{2-10}$$

です。これを求めたい $X(s) =$ の形に変形すれば

$$F(s) = (RCs + 1)X(s) - RCx(t=0) \tag{2-11}$$

$$X(s) = \frac{F(s) + RCx(t=0)}{RCs + 1}$$

です。ここからは逆変換のために右辺をできるだけ公式 (2-6) の右の式の形になるように変形していきます。e^{at} の形の関数は微分積分が簡単です。公式 (2-6) のように逆変換後に e^{at} の形になってくれれば、その後の実空間での計算も楽になるハズです。公式 (2-6) の分母にある s には係数は掛かっていないので、直接係数が s に掛からない形に変形します。

$$X(s) = \frac{1}{RC} \cdot \frac{F(s)}{s + \frac{1}{RC}} + \frac{RCx(t=0)}{RC} \cdot \frac{1}{s + \frac{1}{RC}}$$

$$= \frac{F(s)}{RC} \cdot \frac{1}{s + \frac{1}{RC}} + x(t=0) \cdot \frac{1}{s + \frac{1}{RC}} \tag{2-12}$$

となりました。ここまでくれば公式 (2-6) と法則 (2-7)、そして線形法則 (2-4) を使ってラプラス逆変換が可能です。公式 (2-6) の定数 a は、式 (2-12) の $-1/RC$ に対応することがわかります。式 (2-12) 全体をラプラス逆変換すると、

$$x(t) = \frac{1}{RC}f(t) * e^{-\frac{t}{RC}} + x(t=0) \cdot e^{-\frac{t}{RC}} \tag{2-13}$$

となり、これがラプラス変換で解いた $x(t)$ です。関数と関数の掛け算は畳み込み積分に、定数と関数の掛け算はただの掛け算に変換されていることに注意しましょう。

記号を積分回路の変数に戻しましょう。R と C の接続点の電圧 $v_o(t)$ の式が求まりました。

$$v_o(t) = \frac{1}{RC}v_i(t) * e^{-\frac{t}{RC}} + v_o(0) \cdot e^{-\frac{t}{RC}} \tag{2-14}$$

ここまでは入力電圧を記号のまま放置してきましたが、入力信号 $v_i(t)$ に具体的な信号を仮定して $v_0(t)$ を表してみましょう。始める前に、式 (2-14) の右辺第二項を見てください。第二項には $v_o(0)$ があります。これは $t=0$ の瞬間の R と C の接続点の電圧です。$t=0$ 以前に C に電荷が存在しなければ $v_o(0) = 0$ です（電荷 $Q = C \times v_o$）。ここではその前提で右辺第二項は 0 とします。ここへ来て初めて初期条件 $v_o(0) = 0$ を使って式 (2-14) の右辺第二項を消しましたが、もっと早く、ラプラス変換直後に式 (2-10) で $x(t=0) = 0$ とすれば、像空間での式の変形が楽になり、$x(t=0)$ の項のラプラス逆変換も不要となります。ラプラス変換直後に初期条件を適応でき、その後の計算の負荷を軽減できる点が、微分方程式を解くのにラプラス変換が選好される理由の一つです。

2. ラプラス変換

それでは $v_i(t)$ には cos 信号を仮定して解いてみます。$v_i(t) = V \cos \omega t$ として、いよいよ面倒な畳み込み積分を行います。式 (2-8) に沿って式 (2-14) の畳み込み積分部を書き下してみましょう。交換法則 (2-9) が成り立つので $\cos \omega t$ は、式 (2-8) の $f(t)$ と $g(t)$ のどちらに選んでもよいのですが、$\cos \omega t$ は $f(t)$ としました。

$$v_i(t) = V \cos \omega t$$

$$v_o(t) = \frac{1}{RC} v_i(t) * e^{-\frac{t}{RC}}$$

$$= \frac{V}{RC} \cos \omega t * e^{-\frac{t}{RC}} = \frac{V}{RC} \int_0^t \cos \omega(t-\tau) \, e^{-\frac{\tau}{RC}} \, d\tau = \frac{V}{RC} \underbrace{\int_0^t e^{-\frac{\tau}{RC}} \cos \omega(t-\tau) \, d\tau}_{A}$$

(2-15)

ここで積分部分を A と置いて、部分積分を行います。2 度部分積分を行えば元の A が現れるので、A が求まり、$v_o(t)$ が求まります。そして求まった $v_o(t)$ の $\sin \omega t$ と $\cos \omega t$ を合成します。

$$A = \int_0^t e^{-\frac{\tau}{RC}} \cos \omega(t-\tau) \, d\tau$$

$$= \left[-RC \, e^{-\frac{\tau}{RC}} \cos \omega(t-\tau) \right]_0^t - \int_0^t \left(-RC \, e^{-\frac{\tau}{RC}} \right) \cdot (-\omega) \cdot \{ -\sin \omega(t-\tau) \} d\tau \quad \leftarrow \text{部分積分}$$

$$= \left[-RC \, e^{-\frac{\tau}{RC}} \cos \omega(t-\tau) \right]_0^t + \omega RC \int_0^t e^{-\frac{\tau}{RC}} \sin \omega(t-\tau) \, d\tau$$

$$= \left[-RC \, e^{-\frac{\tau}{RC}} \cos \omega(t-\tau) + \omega RC \cdot \left\{ -RC \, e^{-\frac{\tau}{RC}} \sin \omega(t-\tau) \right\} \right]_0^t$$

$$\qquad\qquad - \omega RC \int_0^t \left(-RC \, e^{-\frac{\tau}{RC}} \right) \cdot (-\omega) \cdot \cos \omega(t-\tau) \, d\tau \quad \leftarrow \text{部分積分、2 回目}$$

$$= \left\{ -RC \, e^{-\frac{t}{RC}} + RC \, \cos \omega t + \omega R^2 C^2 \sin \omega t \right\} - \omega^2 R^2 C^2 \underbrace{\int_0^t e^{-\frac{\tau}{RC}} \cos \omega(t-\tau) \, d\tau}_{A}$$

$$(1 + \omega^2 R^2 C^2)A = -RC \, e^{-\frac{t}{RC}} + \omega R^2 C^2 \sin \omega t + RC \cos \omega t$$

(2-16)

$$A = \frac{-RC}{1 + \omega^2 R^2 C^2} e^{-\frac{t}{RC}} + \frac{1}{1 + \omega^2 R^2 C^2} (\omega R^2 C^2 \sin \omega t + RC \cos \omega t)$$

$$v_o(t) = \frac{V}{RC} A$$

$$= \frac{-V}{1 + \omega^2 R^2 C^2} e^{-\frac{t}{RC}} + \frac{V}{1 + \omega^2 R^2 C^2} (\omega RC \sin \omega t + \cos \omega t)$$

ここで、右の $\sin \omega t$ と $\cos \omega t$ を合成する。

$$\boxed{\; a \sin\alpha + b \cos\alpha = \sqrt{a^2 + b^2} \, \sin(\alpha + \theta) \qquad\qquad \theta = \tan^{-1}\left(\frac{b}{a}\right) \;}$$

$$\omega RC \sin \omega t + \cos \omega t = \sqrt{\omega^2 R^2 C^2 + 1} \, \sin\left(\omega t + \tan^{-1}\left(\frac{1}{\omega RC}\right) \right)$$

$$v_o(t) = \frac{-1}{1 + \omega^2 R^2 C^2} V e^{-\frac{t}{RC}} + \frac{\sqrt{1 + \omega^2 R^2 C^2}}{1 + \omega^2 R^2 C^2} V \sin(\omega t + \tan^{-1}\left(\frac{1}{\omega RC}\right))$$

$$v_o(t) = \frac{-1}{1 + \omega^2 R^2 C^2} V e^{-\frac{t}{RC}} + \frac{1}{\sqrt{1 + \omega^2 R^2 C^2}} V \sin(\omega t + \tan^{-1}\left(\frac{1}{\omega RC}\right)) \qquad v_o(t = 0) = 0 \qquad (2\text{-}17)$$

となり、最終的な $v_o(t)$ が出ました。

　求めた式は時間 t の関数なので、その視点で見ると、第一項は時間とともに急激に減衰する項であり、十分な時間が経てば無視できることが想像できます。印加した $V\cos\omega t$ に追従して変動するのは第二項です。その振幅は V を割っている分母の式からわかるように、周波数 $\omega(=2\pi f)$、抵抗 R、キャパシタンス C が大きいほど、振幅を小さくしてしまうことがわかります。また、位相については印加した cos 波形が sin 波形に変わり、さらに ωRC で決まる位相 $\tan^{-1}(1/\omega RC)$ だけズレることがわかりました。

　さて、積分回路に $V\cos\omega t$ を印加したときの応答は計算できたわけですが、印加電圧をフーリエ級数の章でやったように三角関数だけでなく指数関数で表した場合も計算してみたくはないでしょうか？やってみましょう。

　印加する信号を $v_i(t) = Ve^{j\omega t}$ とします。計算が楽になることを期待しましたが、それほどでもないようです。

$$v_i(t) = Ve^{j\omega t}$$

$$v_0(t) = \frac{V}{RC}\int_0^t e^{j\omega(t-\tau)} \cdot e^{-\frac{\tau}{RC}}d\tau$$

$$= \frac{V}{RC}\int_0^t e^{j\omega t - \left(j\omega + \frac{1}{RC}\right)\tau}d\tau$$

$$= \frac{-V}{RC\left(j\omega + \frac{1}{RC}\right)}\left[e^{j\omega t - \left(j\omega + \frac{1}{RC}\right)\tau}\right]_0^t$$

$$= \frac{-V}{1 + j\omega RC}\left(e^{j\omega t - j\omega t - \frac{t}{RC}} - e^{j\omega t}\right)$$

$$= \frac{V}{1 + j\omega RC}\left(e^{j\omega t} - e^{-\frac{t}{RC}}\right)$$

$$= \frac{V(1 - j\omega RC)}{1 + \omega^2 R^2 C^2}\left(e^{j\omega t} - e^{-\frac{t}{RC}}\right)$$

グレーは計算過程を見やすくするため、直前の式と同じ記述（変形していない）ことを示しています

$$= \frac{V}{1 + \omega^2 R^2 C^2}\left(e^{j\omega t} - e^{-\frac{t}{RC}} - \omega RC\, j\, e^{j\omega t} + \omega RC\, j\, e^{-\frac{t}{RC}}\right)$$

$$= \frac{V}{1 + \omega^2 R^2 C^2}\left(e^{j\omega t} - e^{-\frac{t}{RC}} - \omega RC\, e^{j\left(\omega t + \frac{\pi}{2}\right)} + \omega RC\, j\, e^{-\frac{t}{RC}}\right) \qquad \leftarrow j = e^{j\pi/2}$$

オイラーの公式
実数項と虚数項に分ける
↓

$$= \frac{V}{1 + \omega^2 R^2 C^2}\left[\left\{\cos\omega t - e^{-\frac{t}{RC}} - \omega RC \cos\left(\omega t + \frac{\pi}{2}\right)\right\} + j\left\{\sin\omega t - \omega RC \sin\left(\omega t + \frac{\pi}{2}\right) + \omega RC e^{-\frac{t}{RC}}\right\}\right]$$

$$= \frac{V}{1 + \omega^2 R^2 C^2}\left[\left\{\cos \omega t - e^{-\frac{t}{RC}} + \omega RC \sin \omega t\right\} + j\left\{\sin \omega t - \omega RC \cos \omega t + \omega RC e^{-\frac{t}{RC}}\right\}\right]$$

ここでも、$\sin \omega t$ と $\cos \omega t$ を合成する。

$$v_0(t) = \frac{V}{1 + \omega^2 R^2 C^2}\left[\left\{\sqrt{1 + \omega^2 R^2 C^2} \sin\left(\omega t + \tan^{-1}\left(\frac{1}{\omega RC}\right)\right) - e^{-\frac{t}{RC}}\right\}\right.$$
$$\left. + j\left\{\sqrt{1 + \omega^2 R^2 C^2} \sin(\omega t - \tan^{-1}(\omega RC)) + \omega RC\, e^{-\frac{t}{RC}}\right\}\right]$$

結果は複素数の形で求まり、$v_o(t)$ の実数部と虚数部をそれぞれ分けて書くと

$v_i(t) = V \cos \omega t$ に対応する実部

$$v_o(t) = \frac{-1}{1 + \omega^2 R^2 C^2} V e^{-\frac{t}{RC}} + \frac{1}{\sqrt{1 + \omega^2 R^2 C^2}} V \sin\left(\omega t + \tan^{-1}\left(\frac{1}{\omega RC}\right)\right) \qquad v_o(t = 0) = 0$$

(2-18)

$v_i(t) = V \sin \omega t$ に対応する虚部

$$v_o(t) = \frac{\omega RC}{1 + \omega^2 R^2 C^2} V e^{-\frac{t}{RC}} + \frac{1}{\sqrt{1 + \omega^2 R^2 C^2}} V \sin(\omega t - \tan^{-1}(\omega RC)) \qquad v_o(t = 0) = 0$$

となります。オイラーの公式から印加した電圧は、$v_i(t) = V e^{j\omega t} = V(\cos \omega t + j \sin \omega t)$ ですので、その実部 $V \cos \omega t$ を入力した結果のほうを見てみましょう。式 (2-17) と一致しています。

　ラプラス変換・逆変換と畳み込み積分を使って求めた式は、初めて見る人にとっては複雑かもしれませんが、回路の瞬間瞬間の応答がしっかりと数式として表されていることが素晴らしいと思いになりませんでしょうか？　しかもこの式に、具体的な定数や時間を代入すれば Excel はだまって計算してくれるのです。

2.3　法則と公式

(a)　ラプラス変換の公式

　積分回路はラプラス変換と逆変換を使って解けました。畳み込み積分を行えば、具体的な入力信号に対する応答も計算できることがわかりました。ここからは積分回路以外も解くために、ラプラス変換の主な公式を上げていきますが、ほとんどの公式は前節で示したラプラス変換の定義式、

$$F(s) = \int_0^{+\infty} e^{-st} f(t)dt \qquad (0 \leqq t < +\infty) \tag{2-19}$$

から導かれます。

　まず、特に使用頻度が高い関数のラプラス変換を記載します。

$$e^{at} \quad \Leftrightarrow \quad \frac{1}{s - a}$$

$$\cos at \iff \frac{s}{s^2 + a^2}$$

$$\sin at \iff \frac{a}{s^2 + a^2}$$

$$\cosh at \iff \frac{s}{s^2 - a^2}$$

$$\sinh at \iff \frac{a}{s^2 - a^2}$$

$$1 \iff \frac{1}{s}$$

$$t \iff \frac{1}{s^2}$$ (2-20)

$$t^n \iff \frac{n!}{s^{n+1}} \quad (n \text{ は自然数})$$

$$\frac{1}{\sqrt{t}} \iff \sqrt{\frac{\pi}{s}} \qquad\qquad (a \text{ は定数})$$

　時間 t の関数を式 (2-19) を使って s の関数に変換した結果が右です。この逆、s の関数である像関数の式を時間 t の関数に戻すのが、ラプラス逆変換です。この本の微分方程式を解く過程では、この表は主にラプラス逆変換を行うときに使うことになります。公式 (2-20) の最初の変換は、積分回路を解くときに、前節の式 (2-12) から式 (2-13) への逆変換に使いました。この一番上の変換をラプラス変換の定義式 (2-19) で確認してみましょう。

$$f(t) = e^{at}$$

$$
\begin{aligned}
F(s) &= \int_0^{+\infty} e^{-st} f(t) dt \\
&= \int_0^{+\infty} e^{-st} e^{at} dt = \int_0^{+\infty} e^{-(s-a)t} dt \\
&= \frac{-1}{s-a} \left[e^{-(s-a)t} \right]_0^{+\infty} \\
&= \frac{1}{s-a}
\end{aligned}
$$ (2-21)

　2 番目の変換もやってみましょう。$\cos at = (e^{at} + e^{-at})/2$ にしてから解いたほうが楽ですが、このまま $\cos at$ でやってみます。

$$f(t) = \cos at$$

$$F(s) = \int_0^{+\infty} e^{-st} f(t) dt$$

$$= \int_0^{+\infty} e^{-st} \cos at \, dt$$

$\int e^{-st} \cos at \, dt = A$　として、

$$A = \frac{1}{a}(e^{-st} \sin at) - \frac{1}{a} \int (-s) e^{-st} \sin at \, dt$$

$$= \frac{1}{a}(e^{-st} \sin at) + \frac{s}{a} \int e^{-st} \sin at \, dt$$

$$= \frac{1}{a}(e^{-st} \sin at) + \frac{s}{a} \left\{ e^{-st} \left(\frac{-1}{a} \cos at \right) - \int (-s) e^{-st} \left(\frac{-1}{a} \cos at \right) dt \right\}$$

$$= \frac{1}{a}(e^{-st} \sin at) - \frac{s}{a^2} \left\{ e^{-st} \cos at + s \int e^{-st} \cos at \, dt \right\}$$

$$= \frac{1}{a}(e^{-st} \sin at) - \frac{s}{a^2} \left\{ e^{-st} \cos at + sA \right\}$$

$$\left(1 + \frac{s^2}{a^2} \right) A = \frac{s}{a^2} e^{-st} \left(\frac{a}{s} \sin at - \cos at \right)$$

$$(a^2 + s^2) A = s \, e^{-st} \left(\frac{a}{s} \sin at - \cos at \right)$$

$$A = \frac{s}{s^2 + a^2} e^{-st} \left(\frac{a}{s} \sin at - \cos at \right)$$

よって

$$F(s) = \frac{s}{s^2 + a^2} \left[e^{-st} \left(\frac{a}{s} \sin at - \cos at \right) \right]_0^{+\infty}$$

ここで、$t \to +\infty$ なら、

$$e^{-st} \left(\frac{a}{s} \sin at - \cos at \right) \to 0$$

　なぜなら、$-1 \leqq \sin at$、$\cos at \leqq 1$ であるので、この不等式全体に e^{-st} を掛けて、高校で習う挟みうちの定理を使えば、$t \to +\infty$ で 0 になる。

　ゆえに、上の定積分は、$t = 0$ を代入する全体の引き算の計算だけを行えばよい。

$$F(s) = \frac{-s}{s^2 + a^2} e^0 \left(\frac{a}{s} \sin 0 - \cos 0 \right)$$

$$= \frac{s}{s^2 + a^2}$$

　ほかの公式も同じように定義式 (2-19) に則って計算すればよいのですが、関数 t や、t^n は意外に難しく、ガンマ関数の力を借りることになります。

ガンマ関数は

$$\Gamma(x) = \int_0^{+\infty} e^{-t}\, t^{x-1}\, dt \tag{2-22}$$

で定義されます。ラプラス変換の定義式 (2-19) とよく似ています。

ガンマ関数とは何なのかですが、ガンマ関数 $\Gamma(x)$ の変数 x を自然数 n に限定すると、

$$\Gamma(n) = (n-1)!$$

が成り立つことがわかっており、この式の右辺は階乗を表しています。ですので、階乗を自然数以外にも拡張したものというのが一つの解釈です（x の範囲は実部が正である複素数で定義されます）。

ガンマ関数はこの階乗の式以外も便利な特徴がいくつかあります。

$$\Gamma(n) = (n-1)! \qquad (n\text{は自然数})$$
$$\Gamma(x+1) = x\Gamma(x) \tag{2-23}$$
$$\Gamma(1) = 1、\qquad \Gamma\left(\frac{1}{2}\right) = \sqrt{\pi}$$

などです。これを使って関数 t や、t^n のラプラス変換を導けますし、解きたい微分方程式が $e^{-at}\, t^b$ のような指数関数と、その変数との積のような形になってしまった場合のラプラス変換などにも使えます。それでは、t^n（n は自然数）のラプラス変換を求めてみましょう。

$$f(t) = t^a \quad \rightarrow \quad \text{まだ } a \text{ を自然数に限定していない。}$$

$$F(s) = \int_0^{+\infty} e^{-st} f(t)dt$$

$$= \int_0^{+\infty} e^{-st} t^a dt$$

ここで、$st=\tau$ と置き、置換積分を行う。$\qquad dt = \frac{1}{s}d\tau$

$$F(s) = \int_0^{+\infty} e^{-\tau} \left(\frac{\tau}{s}\right)^a \frac{1}{s}d\tau = \int_0^{+\infty} e^{-\tau} \frac{\tau^a}{s^{a+1}}d\tau \tag{2-24}$$

$$= \frac{1}{s^{a+1}} \int_0^{+\infty} e^{-\tau} \tau^a\, d\tau \quad \leftarrow \text{ガンマ関数の形になった。}$$

$$= \frac{1}{s^{a+1}} \Gamma(a+1)$$

ここで、a を自然数 n に限定すると、

$$f(t) = t^n$$

$$F(s) = \frac{1}{s^{n+1}} \Gamma(n+1)$$

$$= \frac{n!}{s^{n+1}}$$

となります。

　t^n と e^{at}、$\cos at$ のラプラス変換を定義式 (2-19) を使って計算してみましたが、ラプラス変換で電気回路を解くうえでは、ラプラス変換の定義式 (2-19) の積分から始めなければならない場面はほぼなく、計算済の公式 (2-20) を参照するだけでだいたい間に合うハズです。

　移動法則も頻繁に使うので示しておきましょう。

移動法則：像関数（s の関数）の移動

　$\delta > 0$ の定数として

$$e^{-\delta t} f(t) \Leftrightarrow F(s+\delta)$$

$$e^{\delta t} f(t) \Leftrightarrow F(s-\delta)$$

(2-25)

　$f(t)$ のラプラス変換が $F(s)$ のとき、$F(s)$ の s を δ だけ動かした $F(s\pm\delta)$ のラプラス逆変換は、原関数 $f(t)$ に $e^{\mp\delta t}$ を掛けることに等しい、と言うことを示しています。例えば積分回路を解くのに使った公式 (2-20) の最初の式の例では、

$e^{at} \Rightarrow \dfrac{1}{s-a}$ の場合、$\dfrac{1}{s-a}$ の s を $b(a$ と b は定数$)$ だけ移動した式、$\dfrac{1}{(s+b)-a}$ のラプラス逆変換は、

$e^{-bt} e^{at} \Leftarrow \dfrac{1}{(s+b)-a}$ となります。

　像関数の移動法則は証明も簡単です。ラプラス変換の定義式 (2-19) の、s を $s+\delta$ にして変形すればすぐに証明できます。0 章の公式集には、変換表の各像関数を定数 b だけ移動したときの変換も記載しました。

　一方で、時間 t の関数（原関数）の移動法則も像関数の移動法則に似てはいますが、時間軸上の左向きの移動の場合（δ の前の符号が＋）は、第二移動法則に従うことになります。像関数の移動法則は頻繁に使いますが、原関数の移動法則はこの本で使うことはありません。

移動法則：原関数（t の関数）の移動

　$\delta > 0$ の定数として

$$f(t-\delta) \Leftrightarrow e^{-\delta s} F(s) \qquad \text{ただし、} 0 \leqq t \leqq \delta \text{ の区間では、} f(t\text{-}\delta)\text{=0 とする}$$

第二移動法則

$$f(t+\delta) \Leftrightarrow e^{\delta s} \left\{ F(s) - \int_0^\delta e^{-st} f(t)\, dt \right\}$$

(2-26)

（b）ラプラス変換の微分法則と積分法則

　2.2. 節で積分回路を解いた手順は、立てた微分方程式、

$$f(t) = RC\, x'(t) + x(t) \tag{2-2}$$

を、法則 (2-5)

$$x'(t) \quad \Leftrightarrow \quad s\,X(s) - x(t=0) \qquad \text{法則の表記を} f \text{から} x \text{に書き換えています} \tag{2-5}$$

を使って、

$$F(s) = RC\,\{\,s X(s) - x(t=0)\,\} + X(s) \tag{2-10}$$

にラプラス変換しました。この法則 (2-5) がラプラス変換の微分法則です。この法則のおかげで s の像関数では微分がなくなってくれます。この後に説明する積分法則では積分の式も像関数ではなくなります。

改めて微分法則を書くと

> $f(t)$ のラプラス変換が $F(s)$ であるとき、$s > 0$ の条件で
>
> $$f'(t) \quad \Leftrightarrow \quad s\,F(s) - f(t=0) \tag{2-27}$$

です。繰り返しになりますが、$f(t)$ のラプラス変換が $F(s)$ とわかっている場合、$f(t)$ を 1 階微分した $f'(t)$ のラプラス変換は $F(s)$ を使って上の式で表せるということです。ここで $f(t=0)$ は、$t=0$ のときの $f(t)$ の値なので定数です。1 階の微分だけでなく、一般に n 階微分した $f^{(n)}(t)$ の場合は

> $f(t)$ のラプラス変換が $F(s)$ であるとき、$s > 0$ の条件で
>
> $$f^{(n)}(t) \quad \Leftrightarrow \quad s^n F(s) - s^{n-1} f(t=0) - s^{n-2} f'(t=0) - \cdots - f^{(n-1)}(t=0) \tag{2-28}$$

となります。見た目がわかりにくいので表にしてみました。

$f'(t)$		s	$F(s)-$	1	$f(t{=}0)$						
$f''(t)$	$\Leftrightarrow$	s^2	$F(s)-$	s	$f(t{=}0)-$	1	$f'(t{=}0)$				
$f'''(t)$		s^3	$F(s)-$	s^2	$f(t{=}0)-$	s	$f'(t{=}0)-$	1	$f''(t{=}0)$		
$\vdots$		$\vdots$		$\vdots$		$\vdots$		$\vdots$			
$f^{(n)}(t)$	$\Leftrightarrow$	s^n	$F(s)-$	s^{n-1}	$f(t{=}0)-$	s^{n-2}	$f'(t{=}0)-$	s^{n-3}	$f''(t{=}0)-$	$\cdots\; - \; 1$	$f^{(n-1)}(t{=}0)$

表 2-1

ある関数 $f(t)$ を微分してラプラス変換をすることは、もとの $f(t)$ のラプラス変換 $F(s)$ に s を掛けていくことに対応していることがわかります。微分法則の証明はほかの本に任せて、特定の関数について微分法則が成り立っていることを確認してみよう。e^{at} について確認します。このラプラス変換は何度も登場していますが、公式 (2-20) の最初の式です。

$$e^{at} \quad \Leftrightarrow \quad \frac{1}{s-a}$$

左の原関数が $f(t)$、右の像関数が $F(s)$ に相当します。微分法則に従うと、

$$(e^{at})' \quad \Rightarrow \quad s\frac{1}{s-a} - e^0 \;=\; \frac{s}{s-a} - 1 \;=\; \frac{s-s+a}{s-a} \;=\; \frac{a}{s-a}$$

となるハズです。

今度は、先に微分してからラプラス変換してみましょう。

$$(e^{at})' = a\,e^{at} \quad \Rightarrow \quad a\frac{1}{s-a} \;=\; \frac{a}{s-a}$$

一致しました。

もうひとつ、t^4 の 3 階微分もやってみましょう。公式 (2-20) の下から 2 番目の式から、t^4 のラプラス変換後の像関数は、$4!/s^5 = 24/s^5$ です。

$$(t^4)''' \quad \Rightarrow \quad s^3\frac{24}{s^5} - s^2 \cdot 0 - s \cdot 4 \cdot 0 - 12 \cdot 0 \;=\; \frac{24}{s^2}$$

次は、微分をしてからラプラス変換です。

$$(t^4)''' = 24\,t \quad \Rightarrow \quad 24\frac{1}{s^2} \;=\; \frac{24}{s^2}$$

一致しています。

続いて、積分法則です。

$f(t)$ のラプラス変換が $F(s)$ であるとき、$s > 0$ の条件で

$$\int_0^t f(\tau)\,d\tau \quad \Leftrightarrow \quad \frac{1}{s}F(s) \tag{2-29}$$

τ は積分するための仮の変数なので、定積分を行えば原関数は t の関数になります。ここでは定積分の積分法則をあげていますが、電気回路を解く場合、原関数を不定積分として扱う必要はなく（不定積分の公式は公式の章を参照）、時間 0 から始まる t までの定積分を前提として考えれば十分です。さて、すでに解いた積分回路では、コンデンサしか登場しませんでしたが、コイルが登場する回路ではこの積分法則も使う場合があります。1 階の積分だけでなく、一般に n 階積分したもののラプラス変換は

$f(t)$ のラプラス変換が $F(s)$ であるとき、$s > 0$ の条件で

$$\int_0^t \int_0^{\tau_{n-1}} \cdots \int_0^{\tau_2} \int_0^{\tau_1} f(\tau)\,d\tau\;d\tau_1\,\cdots\,d\tau_{n-2}\;d\tau_{n-1} \quad \Leftrightarrow \quad \frac{1}{s^n}F(s)$$

τ_1 の関数
τ_2 の関数
τ_{n-1} の関数
t の関数

$$\tag{2-30}$$

となります。ある関数 $f(t)$ を積分してラプラス変換をすることは、もとの $f(t)$ のラプラス変換 $F(s)$ を

s で割っていくことに対応していることがわかります。

　ここでも関数の実例で、積分法則を確認してみましょう。e^{at} の積分と、今度は t の 3 階積分で確認してみます。の積分法則に従うと、

$$e^{at} \quad \Leftrightarrow \quad \frac{1}{s-a}$$

ですので、

$$\int_0^t e^{a\tau}\,d\tau \quad \Rightarrow \quad \frac{1}{s}\cdot\frac{1}{s-a} = \frac{1}{s(s-a)}$$

次は、先に原関数の積分を行うと、

$$\int_0^t e^{a\tau}\,d\tau = \frac{1}{a}(e^{at}-e^0) = \frac{1}{a}(e^{at}-1) \quad \Rightarrow \quad \frac{1}{a}\left(\frac{1}{s-a}-\frac{1}{s}\right) = \frac{1}{a}\cdot\frac{s-s+a}{s(s-a)} = \frac{1}{s(s-a)}$$

一致しました。

　次は t の 3 階積分です。公式 (2-20) から、t のラプラス変換後の像関数は、$1/s^2$ です。積分法則 (2-30) を使うと、

$$\int_0^t \int_0^{\tau_2} \int_0^{\tau_1} (\tau)\,d\tau\,d\tau_1 d\tau_2 \quad \Rightarrow \quad \frac{1}{s^3}\cdot\frac{1}{s^2} = \frac{1}{s^5}$$

次は、積分をしてからラプラス変換です。

$$\int_0^t \int_0^{\tau_2} \int_0^{\tau_1} (\tau)\,d\tau\,d\tau_1 d\tau_2 = \int_0^t \int_0^{\tau_2} \frac{1}{2}\tau_1^2\,d\tau_1 d\tau_2 = \int_0^t \frac{1}{6}\tau_2^3\,d\tau_2 = \frac{1}{24}t^4 \quad \Rightarrow \quad \frac{1}{24}\cdot\frac{4!}{s^5} = \frac{1}{s^5}$$

これも一致しました。

(c) 終端が付いた積分回路の例

　積分回路を解いたときに使った公式や、そのほかよく使う公式の説明を読んでいただいたところで、一つ例題を解いてみてください。

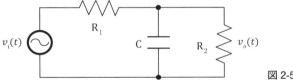

図 2-5

　$v_i(t)$ に $V\cos\omega t$ を入力したときに R_2 から出てくる電圧 $v_o(t)$ を求めて欲しいです。R_2 は信号を受ける

回路に付ける終端を想定しています。回路の動作を考えるとき、時定数 CR （後で再度考察する予定）で信号のなまり具合を予想するわけですが、終端部分については、なまりはどうなるのか悩まれた経験を持つ方も多いかと思います。

解けましたでしょうか？

それでは回答を示しましょう。

$$v_o(t) = \frac{1}{R_1 C} v_i(t) * e^{-\frac{t}{rC}} + v_o(0) \cdot e^{-\frac{t}{rC}} \qquad \left(r = \frac{R_1 R_2}{R_1 + R_2} \right)$$

さらに、すなわち、コンデンサの初期電圧を 0V （残存電荷なし）とし、$v_i(t) = V \cos \omega t$ を入力とすれば、

$$v_o(t) = \frac{r}{R_1} \left\{ \frac{-1}{1 + \omega^2 r^2 C^2} V e^{-\frac{t}{rC}} + \frac{1}{\sqrt{1 + \omega^2 r^2 C^2}} V \sin\left(\omega t + \tan^{-1}\left(\frac{1}{\omega r C} \right) \right) \right\} \qquad v_o(t = 0) = 0 \qquad (2\text{-}31)$$

$r = R_1 R_2 / (R_1 + R_2)$ と置いた r を使って式を書いています。最初に立てる微分方程式の段階でこの r を導入すると、積分回路とほぼ同じ計算で答えを導くことができます。さて、終端がない積分回路の結果と比較してみましょう。終端がない場合は、

$$v_o(t) = \frac{-1}{1 + \omega^2 R^2 C^2} V e^{-\frac{t}{RC}} + \frac{1}{\sqrt{1 + \omega^2 R^2 C^2}} V \sin\left(\omega t + \tan^{-1}\left(\frac{1}{\omega R C} \right) \right) \qquad v_o(t = 0) = 0 \qquad (2\text{-}17)$$

でした。e のべき乗部分を比較すると、終端がない場合の時定数 CR が、終端がある場合は $CR_1 R_2 / (R_1 + R_2)$ になっていることがわかります。終端がある場合は、積分回路の抵抗と終端抵抗の並列接続の和が時定数を決めていることが確認できました。

2.4 畳み込み積分

積分回路をラプラス変換・逆変換を使って解いた計算過程（終端がある場合も抵抗を置き換えるだけで、ほぼ同じ）を、下にまとめました。最後の sin から cos への変更は後程説明します。

$$i(t) = C \frac{d}{dt} v_o(t)$$

$$v_i(t) = R\, i(t) + v_o(t)$$

$$= RC \frac{d}{dt} v_o(t) + v_o(t)$$

$f(t) = v_i(t)$、$x(t) = v_o(t)$ でラプラス変換

$f(t) = RC\,x'(t) + x(t)$	$\rightarrow$	$F(s) = RC\{sX(s) - x(t=0)\} + X(s)$

$$F(s) = (RCs + 1)X(s) - RCx(t=0)$$

$$X(s) = \frac{F(s) + RCx(t=0)}{RCs + 1}$$

$$= \frac{F(s)}{RC} \cdot \frac{1}{s + \frac{1}{RC}} + \frac{RCx(t=0)}{RC} \cdot \frac{1}{s + \frac{1}{RC}}$$

$$x(t) = \frac{1}{RC} f(t) * e^{-\frac{t}{RC}} + x(t=0) \cdot e^{-\frac{t}{RC}} \qquad \leftarrow \qquad = \frac{F(s)}{RC} \cdot \frac{1}{s + \frac{1}{RC}} + x(t=0) \cdot \frac{1}{s + \frac{1}{RC}}$$

$$v_o(t) = \frac{1}{RC} v_i(t) * e^{-\frac{t}{RC}} + v_o(0)e^{-\frac{t}{RC}}$$

$v_o(0) = 0\text{V}$ すなわち、コンデンサの初期電圧 0V（残存電荷なし）とすると、

$$v_o(t) = \frac{1}{RC} v_i(t) * e^{-\frac{t}{RC}} \qquad\qquad v_o(0) = 0$$

畳み込み積分を行い答えを出す 1

$$v_o(t) = \frac{1}{RC} v_i(t) * e^{-\frac{t}{RC}}$$

$v_i(t) = V\cos\omega t$ なら、

$$v_o(t) = \frac{V}{RC} \underbrace{\int_0^t e^{-\frac{\tau}{RC}} \cos\omega(t-\tau)\,d\tau}_{A}$$

$$A = \int_0^t e^{-\frac{\tau}{RC}} \cos\omega(t-\tau)\,d\tau$$

$$= \left[-RC\,e^{-\frac{\tau}{RC}}\cos\omega(t-\tau)\right]_0^t - \int_0^t \left(-RC\,e^{-\frac{\tau}{RC}}\right)\cdot(-\omega)\cdot-\sin\omega(t-\tau)d\tau$$

$$= \left[-RC\,e^{-\frac{\tau}{RC}}\cos\omega(t-\tau)\right]_0^t + \omega RC \int_0^t e^{-\frac{\tau}{RC}}\sin\omega(t-\tau)\,d\tau$$

$$= \left[-RC\,e^{-\frac{\tau}{RC}}\cos\omega(t-\tau) + \omega RC\left\{-RC\,e^{-\frac{\tau}{RC}}\sin\omega(t-\tau)\right\}\right]_0^t - \omega RC\int_0^t \left(-RC\,e^{-\frac{\tau}{RC}}\right)\cdot(-\omega)$$

$$\cdot\cos\omega(t-\tau)\,d\tau$$

$$= \left\{-RC\,e^{-\frac{t}{RC}} + RC\cos\omega t + \omega R^2C^2\sin\omega t\right\} - \omega^2 R^2 C^2 \underbrace{\int_0^t e^{-\frac{\tau}{RC}}\cos\omega(t-\tau)\,d\tau}_{A}$$

$$(1 + \omega^2 R^2 C^2)A = -RC\,e^{-\frac{t}{RC}} + \omega R^2 C^2\sin\omega t + RC\cos\omega t$$

$$A = \frac{-RC}{1 + \omega^2 R^2 C^2} e^{-\frac{t}{RC}} + \frac{1}{1 + \omega^2 R^2 C^2}(\omega R^2 C^2 \sin \omega t + RC \cos \omega t)$$

$$v_0(t) = \frac{V}{RC} A$$

$$= \frac{-V}{1 + \omega^2 R^2 C^2} e^{-\frac{t}{RC}} + \frac{V}{1 + \omega^2 R^2 C^2}(\omega RC \sin \omega t + \cos \omega t)$$

$$\boxed{a \sin \alpha + b \cos \alpha = \sqrt{a^2 + b^2} \sin(\alpha + \theta) \qquad \theta = \tan^{-1}\left(\frac{b}{a}\right)}$$

$$\omega RC \sin \omega t + \cos \omega t = \sqrt{\omega^2 R^2 C^2 + 1} \sin\left(\omega t + \tan^{-1}\left(\frac{1}{\omega RC}\right)\right)$$

$$v_0(t) = \frac{-1}{1 + \omega^2 R^2 C^2} V e^{-\frac{t}{RC}} + \frac{\sqrt{1 + \omega^2 R^2 C^2}}{1 + \omega^2 R^2 C^2} V \sin\left(\omega t + \tan^{-1}\left(\frac{1}{\omega RC}\right)\right)$$

$$v_0(t) = \frac{-1}{1 + \omega^2 R^2 C^2} V e^{-\frac{t}{RC}} + \frac{1}{\sqrt{1 + \omega^2 R^2 C^2}} V \sin\left(\omega t + \tan^{-1}\left(\frac{1}{\omega RC}\right)\right) \qquad v_0(0) = 0$$

畳み込み積分を行い答えを出す 2

$$v_0(t) = \frac{1}{RC} v_i(t) * e^{-\frac{t}{RC}}$$

$v_i(t) = V e^{j\omega t}$ なら、

$$v_0(t) = \frac{V}{RC} \int_0^t e^{j\omega(t-\tau)} \cdot e^{-\frac{\tau}{RC}} d\tau$$

$$= \frac{V}{RC} \int_0^t e^{j\omega t - \left(j\omega + \frac{1}{RC}\right)\tau} d\tau$$

$$= \frac{-V}{RC\left(j\omega + \frac{1}{RC}\right)} \left[e^{j\omega t - \left(j\omega + \frac{1}{RC}\right)\tau} \right]_0^t$$

$$= \frac{-V}{1 + j\omega RC}\left(e^{j\omega t - j\omega t - \frac{t}{RC}} - e^{j\omega t}\right)$$

$$= \frac{V}{1 + j\omega RC}\left(e^{j\omega t} - e^{-\frac{t}{RC}}\right)$$

$$= \frac{V(1 - j\omega RC)}{1 + \omega^2 R^2 C^2}\left(e^{j\omega t} - e^{-\frac{t}{RC}}\right)$$

$$= \frac{V\left(1 - e^{j\pi/2}\omega RC\right)}{1 + \omega^2 R^2 C^2}\left(e^{j\omega t} - e^{-\frac{t}{RC}}\right) \qquad \leftarrow j = e^{j\frac{\pi}{2}}$$

$$= \frac{V}{1 + \omega^2 R^2 C^2}\left(e^{j\omega t} - e^{-\frac{t}{RC}} - \omega RC\, e^{j\left(\omega t + \frac{\pi}{2}\right)} + \omega RC\, e^{-\frac{t}{RC}}e^{j\frac{\pi}{2}}\right)$$

$$= \frac{V}{1+\omega^2 R^2 C^2}\left[\left\{\cos\omega t - e^{-\frac{t}{RC}} - \omega RC\cos\left(\omega t + \frac{\pi}{2}\right) + \omega RC\, e^{-\frac{t}{RC}}\cos\frac{\pi}{2}\right\}\right.$$

$$\left. + j\left\{\sin\omega t - \omega RC\sin\left(\omega t + \frac{\pi}{2}\right) + \omega RC\, e^{-\frac{t}{RC}}\sin\frac{\pi}{2}\right\}\right]$$

$$= \frac{V}{1+\omega^2 R^2 C^2}\left[\left\{\cos\omega t - e^{-\frac{t}{RC}} + \omega RC\sin\omega t\right\} + j\left\{\sin\omega t - \omega RC\cos\omega t + \omega RC\, e^{-\frac{t}{RC}}\right\}\right]$$

$$= \frac{V}{1+\omega^2 R^2 C^2}\left[\left\{\sqrt{1+\omega^2 R^2 C^2}\sin\left(\omega t + \tan^{-1}\left(\frac{1}{\omega RC}\right)\right) - e^{-\frac{t}{RC}}\right\}\right.$$

$$\left. + j\left\{\sqrt{1+\omega^2 R^2 C^2}\sin(\omega t - \tan^{-1}(\omega RC)) + \omega RC\, e^{-\frac{t}{RC}}\right\}\right]$$

$v_i(t) = V\cos\omega t$ に対応する実部

$$v_0(t) = \frac{-1}{1+\omega^2 R^2 C^2}V\, e^{-\frac{t}{RC}} + \frac{1}{\sqrt{1+\omega^2 R^2 C^2}}V\sin\left(\omega t + \tan^{-1}\left(\frac{1}{\omega RC}\right)\right) \qquad v_0(0) = 0$$

$v_i(t) = V\sin\omega t$ に対応する虚部

$$v_0(t) = \frac{\omega RC}{1+\omega^2 R^2 C^2}V\, e^{-\frac{t}{RC}} + \frac{1}{\sqrt{1+\omega^2 R^2 C^2}}V\sin(\omega t - \tan^{-1}(\omega RC)) \qquad v_0(0) = 0$$

矩形波の応答を Excel で計算するために cos への変換

入力 $v_i(t) = V\cos\omega t$ に対する応答

$$v_0(t) = \frac{-1}{1+\omega^2 R^2 C^2}V\, e^{-\frac{t}{RC}} + \frac{1}{\sqrt{1+\omega^2 R^2 C^2}}V\sin\left(\omega t + \tan^{-1}\left(\frac{1}{\omega RC}\right)\right) \qquad v_0(0) = 0$$

について、時間とともに急激に減少する $e^{-\frac{t}{RC}}$ の項は無視して下記について変換する

$$v_0(t) = \frac{1}{\sqrt{1+\omega^2 R^2 C^2}}V\sin\left(\omega t + \tan^{-1}\left(\frac{1}{\omega RC}\right)\right)$$

$A = \dfrac{1}{\omega RC}$ として $\theta_a = \tan^{-1}A$、$\theta = \tan^{-1}(1/A)$ と書けば $\theta_a + \theta = \begin{cases} \pi/2\,(A > 0\ \text{の場合}) \\ -\pi/2\,(A < 0\ \text{の場合}) \end{cases}$

$A > 0$ なので、$\sin(\omega t + \theta_a) = \sin\left(\omega t + \dfrac{\pi}{2} - \theta\right) = \sin\left\{\dfrac{\pi}{2} - (-\omega t + \theta)\right\} = \cos(-\omega t + \theta) = \cos(\omega t - \theta)$

改めて入力 $v_i(t) = V\cos\omega t$ に対する応答

$$v_0(t) = \frac{V}{\sqrt{1+\omega^2 R^2 C^2}}\cos(\omega t - \tan^{-1}(\omega RC)) \qquad v_0(0) = 0、急激に減少する e^{-\frac{t}{RC}} の項は無視$$

ここで、ラプラス逆変換の部分に注目してください。

$$x(t) = \frac{1}{RC} f(t) * e^{-\frac{t}{RC}} + x(t=0) \cdot e^{-\frac{t}{RC}} \quad \Leftarrow \quad = \frac{F(s)}{RC} \cdot \frac{1}{s + \frac{1}{RC}} + x(t=0) \cdot \frac{1}{s + \frac{1}{RC}} \tag{2-32}$$

ここでは、像関数を分数の形に変形した後にラプラス逆変換

$$e^{-\frac{t}{RC}} \quad \Leftarrow \quad = \frac{1}{s + \frac{1}{RC}} \tag{2-33}$$

を行っていますが、これは 2 節 3a 項で示した公式 (2-20) の、

$$e^{at} \quad \Leftarrow \quad \frac{1}{s-a} \tag{2-34}$$

の変換を使っています（a は定数）。この公式ですが、同じく公式 (2-20) にある 1/s の逆変換と移動法則 (2-25) の二つからできていると考えることもできます。下記の二つの公式です。

$$1 \quad \Leftarrow \quad \frac{1}{s} \tag{2-35}$$

$$e^{-\delta t} f(t) \quad \Leftarrow \quad F(s + \delta) \qquad (\delta > 0 \text{ の定数}) \tag{2-36}$$

　いろいろな回路を解く場合、積分回路を解くのに使った公式 (2-34) のような都合の良い一つの変換式が必ずしも見つかるわけではなく、公式 (2-35) のような分数の形の像関数の変換と、移動法則 (2-36) とを組み合わせてラプラス逆変換を行う場合が多くなります。

　その場合でも積分回路のような 1 階の微分方程式であれば、ラプラス逆変換後の信号は式 (2-32) のように e^{at} の式となります。これに対し、2 階の微分方程式となるキャパシタンスとインダクタンスの両方を含む回路（後で Band Pass Filter 回路を解きます）では、これから明らかになりますが、ラプラス変換すると s^2 を含む像関数となり、ラプラス逆変換後には e^{at} の形の関数だけでなく、公式 (2-20) にあげた、

$$\cos at \quad \Leftrightarrow \quad \frac{s}{s^2 + a^2}$$

$$\sin at \quad \Leftrightarrow \quad \frac{a}{s^2 + a^2}$$

$$\cosh at \quad \Leftrightarrow \quad \frac{s}{s^2 - a^2} \tag{2-37}$$

$$\sinh at \quad \Leftrightarrow \quad \frac{a}{s^2 - a^2}$$

などの三角関数への変換と、移動法則との組み合わせになってしまいます。ラプラス逆変換後には $e^{-\delta t}\cos at$ や、$e^{-\delta t}\cosh at$ などの式が現れるわけです。

※ $\cosh at$ は、ハイパボリックコサイン。公式のページ参照

　大変なのは、特定の信号を入力した最終的な回路の応答を導くために、上記のような指数関数と三角関数の掛け算からなる式と、入力信号の畳み込み積分をしなくてはならないということです。かなり面倒な計算です。例として、回路を解いた結果と入力信号を

$$\text{回路の微分方程式を解いた結果} \qquad \text{その回路に入力する信号}$$
$$i_o(t) = v_i(t) * e^{-\alpha t}\sinh\beta t \qquad\qquad v_i(t) = \mathrm{V}\,e^{j\omega t} \tag{2-38}$$

とした場合の畳み込み積分を計算してみます。できるだけ式の省略はせずに、ひたすら愚直に積分と式の変形を行いました。次行からの一連の式は読み飛ばしてかまいません。

$$i_0(t) = V\int_0^t \left(e^{j\omega(t-\tau)}e^{-\alpha\tau}\sinh\beta\tau\right)dt$$
$$= V\int_0^t e^{j\omega(t-\tau)}e^{-\alpha\tau}\frac{1}{2}\left(e^{\beta\tau}-e^{-\beta\tau}\right)dt$$
$$= \frac{V}{2}e^{j\omega t}\int_0^t e^{-(\alpha+j\omega)\tau}\left(e^{\beta\tau}-e^{-\beta\tau}\right)dt$$
$$= \frac{V}{2}e^{j\omega t}\int_0^t \left\{e^{-(\alpha-\beta+j\omega)\tau}-e^{-(\alpha+\beta+j\omega)\tau}\right\}dt$$
$$= \frac{V}{2}e^{j\omega t}\left[-\frac{e^{-(\alpha-\beta+j\omega)\tau}}{\alpha-\beta+j\omega}+\frac{e^{-(\alpha+\beta+j\omega)\tau}}{\alpha+\beta+j\omega}\right]_0^t$$
$$= \frac{V}{2}e^{j\omega t}\left\{-\frac{e^{-(\alpha-\beta+j\omega)t}}{\alpha-\beta+j\omega}+\frac{e^{-(\alpha+\beta+j\omega)t}}{\alpha+\beta+j\omega}+\frac{1}{\alpha-\beta+j\omega}-\frac{1}{\alpha+\beta+j\omega}\right\}$$
$$= \frac{V}{2}\left\{-\frac{e^{-(\alpha-\beta)t}}{\alpha-\beta+j\omega}+\frac{e^{-(\alpha+\beta)t}}{\alpha+\beta+j\omega}\right\}+\frac{V\,e^{j\omega t}}{2}\left\{\frac{1}{\alpha-\beta+j\omega}-\frac{1}{\alpha+\beta+j\omega}\right\}$$
$$= \frac{-V\,e^{-\alpha t}}{2}\left\{\frac{e^{\beta t}}{\alpha-\beta+j\omega}-\frac{e^{-\beta t}}{\alpha+\beta+j\omega}\right\}+\frac{V\,e^{j\omega t}}{2}\left\{\frac{1}{\alpha-\beta+j\omega}-\frac{1}{\alpha+\beta+j\omega}\right\}$$

ここで、$\dfrac{A}{\alpha-\beta+j\omega}-\dfrac{B}{\alpha+\beta+j\omega}=\dfrac{A\{(\alpha+j\omega)+\beta\}-B\{(\alpha+j\omega)-\beta\}}{(\alpha+j\omega)^2-\beta^2}$　上式の第一項を変形する

$$= \frac{(\alpha+j\omega)(A-B)+\beta(A+B)}{\alpha^2+j2\alpha\omega-\omega^2-\beta^2}$$

$$= \frac{\alpha(A-B)+\beta(A+B)+j\omega(A-B)}{(\alpha^2-\beta^2-\omega^2)+j2\alpha\omega}$$　上式の第二項を変形する

したがって、

$$i_0(t) = \frac{-Ve^{-\alpha t}}{2} \cdot \frac{(\alpha + \beta + j\omega)e^{\beta t} - (\alpha - \beta + j\omega)e^{-\beta t}}{(\alpha^2 - \beta^2 - \omega^2) + j2\alpha\omega} + \frac{Ve^{j\omega t}}{2} \cdot \frac{2\beta}{(\alpha^2 - \beta^2 - \omega^2) + j2\alpha\omega}$$

$$= \frac{-Ve^{-\alpha t}}{2} \cdot \frac{(\alpha + \beta + j\omega)e^{\beta t} - (\alpha - \beta + j\omega)e^{-\beta t}}{(\alpha^2 - \beta^2 - \omega^2) + j2\alpha\omega} + V e^{j\omega t} \frac{\beta}{(\alpha^2 - \beta^2 - \omega^2) + j2\alpha\omega}$$

第一項 $= \dfrac{-Ve^{-\alpha t}}{2} \cdot \dfrac{(\alpha + \beta + j\omega)e^{\beta t} - (\alpha - \beta + j\omega)e^{-\beta t}}{(\alpha^2 - \beta^2 - \omega^2) + j2\alpha\omega}$

$$= \frac{-Ve^{-\alpha t}}{2} \cdot \frac{\{(\alpha + \beta + j\omega)e^{\beta t} - (\alpha - \beta + j\omega)e^{-\beta t}\}\{(\alpha^2 - \beta^2 - \omega^2) - j2\alpha\omega\}}{(\alpha^2 - \beta^2 - \omega^2)^2 + 4\alpha^2\omega^2}$$ ← 分母の有理化

$$= \frac{-Ve^{-\alpha t}}{2}\left[e^{\beta t} \frac{(\alpha + \beta + j\omega)(\alpha^2 - \beta^2 - \omega^2) - (\alpha + \beta + j\omega)j2\alpha\omega}{(\alpha^2 - \beta^2 - \omega^2)^2 + 4\alpha^2\omega^2} \right.$$

$$\left. - e^{-\beta t} \frac{(\alpha - \beta + j\omega)(\alpha^2 - \beta^2 - \omega^2) - (\alpha - \beta + j\omega)j2\alpha\omega}{(\alpha^2 - \beta^2 - \omega^2)^2 + 4\alpha^2\omega^2} \right]$$

$$= \frac{Ve^{-(\alpha+\beta)t}}{2} \cdot \frac{(\alpha - \beta + j\omega)(\alpha^2 - \beta^2 - \omega^2) - (\alpha - \beta + j\omega)j2\alpha\omega}{(\alpha^2 - \beta^2 - \omega^2)^2 + 4\alpha^2\omega^2}$$

$$- \frac{Ve^{-(\alpha-\beta)t}}{2} \cdot \frac{(\alpha + \beta + j\omega)(\alpha^2 - \beta^2 - \omega^2) - (\alpha + \beta + j\omega)j2\alpha\omega}{(\alpha^2 - \beta^2 - \omega^2)^2 + 4\alpha^2\omega^2}$$

$$= \frac{Ve^{-(\alpha+\beta)t}}{2} \cdot \frac{(\alpha - \beta)(\alpha^2 - \beta^2 - \omega^2) + j\omega(\alpha^2 - \beta^2 - \omega^2) - j2\alpha\omega(\alpha - \beta) + 2\alpha\omega^2}{(\alpha^2 - \beta^2 - \omega^2)^2 + 4\alpha^2\omega^2}$$

$$- \frac{Ve^{-(\alpha-\beta)t}}{2} \cdot \frac{(\alpha + \beta)(\alpha^2 - \beta^2 - \omega^2) + j\omega(\alpha^2 - \beta^2 - \omega^2) - j2\alpha\omega(\alpha + \beta) + 2\alpha\omega^2}{(\alpha^2 - \beta^2 - \omega^2)^2 + 4\alpha^2\omega^2}$$

$$= \frac{Ve^{-(\alpha+\beta)t}}{2} \cdot \frac{\{(\alpha - \beta)(\alpha^2 - \beta^2 - \omega^2) + 2\alpha\omega^2\} + j\{\omega(\alpha^2 - \beta^2 - \omega^2) - 2\alpha\omega(\alpha - \beta)\}}{(\alpha^2 - \beta^2 - \omega^2)^2 + 4\alpha^2\omega^2}$$

$$- \frac{Ve^{-(\alpha-\beta)t}}{2} \cdot \frac{\{(\alpha + \beta)(\alpha^2 - \beta^2 - \omega^2) + 2\alpha\omega^2\} + j\{\omega(\alpha^2 - \beta^2 - \omega^2) - 2\alpha\omega(\alpha + \beta)\}}{(\alpha^2 - \beta^2 - \omega^2)^2 + 4\alpha^2\omega^2}$$

$$= \frac{Ve^{-(\alpha+\beta)t}}{2} \cdot \frac{(\alpha - \beta)(\alpha^2 - \beta^2 - \omega^2) + 2\alpha\omega^2}{(\alpha^2 - \beta^2 - \omega^2)^2 + 4\alpha^2\omega^2} - \frac{Ve^{-(\alpha-\beta)t}}{2} \cdot \frac{(\alpha + \beta)(\alpha^2 - \beta^2 - \omega^2) + 2\alpha\omega^2}{(\alpha^2 - \beta^2 - \omega^2)^2 + 4\alpha^2\omega^2}$$

$$+ j\left[\frac{Ve^{-(\alpha+\beta)t}}{2} \cdot \frac{\omega(\alpha^2 - \beta^2 - \omega^2) - 2\alpha\omega(\alpha - \beta)}{(\alpha^2 - \beta^2 - \omega^2)^2 + 4\alpha^2\omega^2} - \frac{Ve^{-(\alpha-\beta)t}}{2} \cdot \frac{\omega(\alpha^2 - \beta^2 - \omega^2) - 2\alpha\omega(\alpha + \beta)}{(\alpha^2 - \beta^2 - \omega^2)^2 + 4\alpha^2\omega^2} \right]$$

第二項 $= Ve^{j\omega t}\dfrac{\beta}{(\alpha^2-\beta^2-\omega^2)+j2\alpha\omega}$

$$= V\beta \cdot \frac{(\cos\omega t + j\sin\omega t)\{(\alpha^2-\beta^2-\omega^2)-j2\alpha\omega\}}{(\alpha^2-\beta^2-\omega^2)^2+4\alpha^2\omega^2}$$

$$= V\beta \cdot \frac{\{(\alpha^2-\beta^2-\omega^2)\cos\omega t + 2\alpha\omega\sin\omega t\} + j\{(\alpha^2-\beta^2-\omega^2)\sin\omega t - 2\alpha\omega\cos\omega t\}}{(\alpha^2-\beta^2-\omega^2)^2+4\alpha^2\omega^2}$$

$$\boxed{a\sin\alpha + b\cos\alpha = \sqrt{a^2+b^2}\sin(\alpha+\theta) \qquad \theta = \tan^{-1}\left(\frac{b}{a}\right)}\quad \text{を使って、}$$

$$a^2+b^2 = \frac{(\alpha^2-\beta^2-\omega^2)^2+4\alpha^2\omega^2}{\{(\alpha^2-\beta^2-\omega^2)^2+4\alpha^2\omega^2\}^2} = \frac{1}{(\alpha^2-\beta^2-\omega^2)^2+4\alpha^2\omega^2}\quad \text{よって、}$$

第二項 $= \dfrac{V\beta\sin(\omega t+\theta_1)}{\sqrt{(\alpha^2-\beta^2-\omega^2)^2+4\alpha^2\omega^2}} + j\dfrac{V\beta\sin(\omega t+\theta_2)}{\sqrt{(\alpha^2-\beta^2-\omega^2)^2+4\alpha^2\omega^2}}$

$$\theta_1 = \tan^{-1}\left(\frac{\alpha^2-\beta^2-\omega^2}{2\alpha\omega}\right) \qquad \theta_2 = \tan^{-1}\left(\frac{-2\alpha\omega}{\alpha^2-\beta^2-\omega^2}\right)$$

$$i_0(t) = \frac{Ve^{-(\alpha+\beta)t}}{2}\cdot\frac{(\alpha-\beta)(\alpha^2-\beta^2-\omega^2)+2\alpha\omega^2}{(\alpha^2-\beta^2-\omega^2)^2+4\alpha^2\omega^2} - \frac{Ve^{-(\alpha-\beta)t}}{2}\cdot\frac{(\alpha+\beta)(\alpha^2-\beta^2-\omega^2)+2\alpha\omega^2}{(\alpha^2-\beta^2-\omega^2)^2+4\alpha^2\omega^2}$$

$$+ j\left[\frac{Ve^{-(\alpha+\beta)t}}{2}\cdot\frac{\omega(\alpha^2-\beta^2-\omega^2)-2\alpha\omega(\alpha-\beta)}{(\alpha^2-\beta^2-\omega^2)^2+4\alpha^2\omega^2} - \frac{Ve^{-(\alpha-\beta)t}}{2}\cdot\frac{\omega(\alpha^2-\beta^2-\omega^2)-2\alpha\omega(\alpha+\beta)}{(\alpha^2-\beta^2-\omega^2)^2+4\alpha^2\omega^2}\right]$$

$$+ \frac{V\beta\sin(\omega t+\theta_1)}{\sqrt{(\alpha^2-\beta^2-\omega^2)^2+4\alpha^2\omega^2}} \qquad\qquad \theta_1 = \tan^{-1}\left(\frac{\alpha^2-\beta^2-\omega^2}{2\alpha\omega}\right)$$

$$+ j\frac{V\beta\sin(\omega t+\theta_2)}{\sqrt{(\alpha^2-\beta^2-\omega^2)^2+4\alpha^2\omega^2}} \qquad\qquad \theta_2 = \tan^{-1}\left(\frac{-2\alpha\omega}{\alpha^2-\beta^2-\omega^2}\right)$$

$v_i(t) = V\cos\omega t$ に対応する実部

$$\boxed{\begin{aligned}i_0(t) &= \frac{Ve^{-(\alpha+\beta)t}}{2}\cdot\frac{(\alpha-\beta)(\alpha^2-\beta^2-\omega^2)+2\alpha\omega^2}{(\alpha^2-\beta^2-\omega^2)^2+4\alpha^2\omega^2} - \frac{Ve^{-(\alpha-\beta)t}}{2}\cdot\frac{(\alpha+\beta)(\alpha^2-\beta^2-\omega^2)+2\alpha\omega^2}{(\alpha^2-\beta^2-\omega^2)^2+4\alpha^2\omega^2}\\[2mm] &\quad + \frac{V\beta\sin(\omega t+\theta_1)}{\sqrt{(\alpha^2-\beta^2-\omega^2)^2+4\alpha^2\omega^2}} \qquad\qquad \theta_1 = \tan^{-1}\left(\frac{\alpha^2-\beta^2-\omega^2}{2\alpha\omega}\right)\end{aligned}}$$

$v_i(t) = V\sin\omega t$ に対応する実部

$$\boxed{\begin{aligned}i_0(t) &= \frac{Ve^{-(\alpha+\beta)t}}{2}\cdot\frac{\omega(\alpha^2-\beta^2-\omega^2)-2\alpha\omega(\alpha-\beta)}{(\alpha^2-\beta^2-\omega^2)^2+4\alpha^2\omega^2} - \frac{Ve^{-(\alpha-\beta)t}}{2}\cdot\frac{\omega(\alpha^2-\beta^2-\omega^2)-2\alpha\omega(\alpha+\beta)}{(\alpha^2-\beta^2-\omega^2)^2+4\alpha^2\omega^2}\\[2mm] &\quad + \frac{V\beta\sin(\omega t+\theta_2)}{\sqrt{(\alpha^2-\beta^2-\omega^2)^2+4\alpha^2\omega^2}} \qquad\qquad \theta_2 = \tan^{-1}\left(\frac{-2\alpha\omega}{\alpha^2-\beta^2-\omega^2}\right)\end{aligned}}$$

$$(2\text{-}39)$$

かなり大変な計算です。通常のやり方、入力信号ごとラプラス変換し部分分数の変形で応答を導くほうが、断然楽だと思われるかもしれません（特に大変な計算は、答えの有理化と欲しい信号の形 cos と sin への変形で、その点は通常のやり方も同じ面倒さです）。しかし逆に言うと、大変なのはこの畳み込み積分だ

けだとも言えます。そこで、新しい回路のたびに計算するのではなく、よく使う畳み込み積分はあらかじめ計算しておき、使い回したいと思います。ラプラス逆変換の結果で現れる回路の応答の式は、（$e^{-at} \times$ 三角関数）の形がほとんどです。そこで、入力信号は指数関数形 $Ve^{j\omega t}$ で統一し、畳み込み積分

$$Ve^{j\omega t} * (e^{-at} \times 三角関数)$$

を計算した結果を示そうと思います。例として解いた式 (2-38) の左の式について、sinh 以外の三角関数についても、式 (2-39) のような計算結果を列記し、それを使うわけです。その前に準備として、例として解いた式 (2-39) の計算結果を見てください。実部も虚部も、一項目と二項目は $e^{-(\alpha \pm \beta)t}$ が掛かっているため、通常の電気回路では時間とともに急激に消滅していきますが、三項目は sin 波形の信号として残り続けます。この 3 項目は、実部と虚部では位相角が異なる（$\theta_1 \neq \theta_2$）sin 波形となっていますが、位相角を同じにする表記も可能です。その表記への変形には、

$$\tan^{-1} A + \tan^{-1}\left(\frac{1}{A}\right) = \begin{cases} \dfrac{\pi}{2} & （A > 0 \text{ の場合}） \\[2ex] -\dfrac{\pi}{2} & （A < 0 \text{ の場合}） \end{cases} \tag{2-40}$$

を使います。この公式 (2-40) の意味するところは、直角三角形をイメージすればわかります。

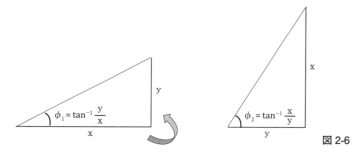

図 2-6

図にした二つの直角三角形は同じもので、裏返して置き直しただけです。三角形の内角の和は π なので、直角以外の二つの角（ϕ_1 と ϕ_2）を足せば、$\pi/2$ です。これに A と $1/A$ の分子分母の符号を考慮すれば、公式 (2-40) になります。この公式を使って、式 (2-39) の計算結果の 3 項目を変形します。さらに、実部は sin を cos へ書き換えてみます。

$v_i(t) = V \cos \omega t$ に対応する実部の 3 項目

$$\frac{V\beta \sin(\omega t + \theta_1)}{\sqrt{(\alpha^2 - \beta^2 - \omega^2)^2 + 4\alpha^2\omega^2}} \qquad \theta_1 = \tan^{-1}\left(\frac{\alpha^2 - \beta^2 - \omega^2}{2\alpha\omega}\right)$$

$v_i(t) = V \cos \omega t$ に対応する虚部の 3 項目

$$\frac{V\beta\sin(\omega t+\theta_2)}{\sqrt{(\alpha^2-\beta^2-\omega^2)^2+4\alpha^2\omega^2}} \qquad \theta_2=\tan^{-1}\left(\frac{-2\alpha\omega}{\alpha^2-\beta^2-\omega^2}\right)=-\tan^{-1}\left(\frac{2\alpha\omega}{\alpha^2-\beta^2-\omega^2}\right)$$

$$A=\frac{\alpha^2-\beta^2-\omega^2}{2\alpha\omega} \quad \text{とし、} \quad \theta_3=\tan^{-1}\left(\frac{2\alpha\omega}{\alpha^2-\beta^2-\omega^2}\right)=\tan^{-1}(1/A) \quad \text{とおけば、}$$

$$\theta_1+\theta_3=\begin{cases} \pi/2\,(A>0\text{ の場合}) \\ -\pi/2\,(A<0\text{ の場合}) \end{cases}$$

$A>0$ の場合

$$\sin(\omega t+\theta_1)=\sin(\omega t+\pi/2-\theta_3)=\sin\{\pi/2-(-\omega t+\theta_3)\}=\cos(-\omega t+\theta_3)=\cos(\omega t-\theta_3)$$

$$\sin(\omega t+\theta_2)=\sin(\omega t-\theta_3)$$

$A<0$ の場合

$$\sin(\omega t+\theta_1)=\sin(\omega t-\pi/2-\theta_3)=-\sin(-\omega t+\pi/2+\theta_3)=-\sin\{\pi/2-(\omega t-\theta_3)\}=-\cos(\omega t-\theta_3)$$

$$\sin(\omega t+\theta_2)=\sin(\omega t-\theta_3)$$

よって

$v_i(t)=V\cos\omega t$ に対応する実部の 3 項目

$\dfrac{\alpha^2-\beta^2-\omega^2}{2\alpha\omega}>0$ の場合	$\dfrac{V\beta\cos(\omega t-\theta_3)}{\sqrt{(\alpha^2-\beta^2-\omega^2)^2+4\alpha^2\omega^2}}$	$\theta_3=\tan^{-1}\left(\dfrac{2\alpha\omega}{\alpha^2-\beta^2-\omega^2}\right)$
$\dfrac{\alpha^2-\beta^2-\omega^2}{2\alpha\omega}<0$ の場合	$\dfrac{-V\beta\cos(\omega t-\theta_3)}{\sqrt{(\alpha^2-\beta^2-\omega^2)^2+4\alpha^2\omega^2}}$	

$v_i(t)=V\sin\omega t$ に対応する虚部の 3 項目

$\dfrac{V\beta\sin(\omega t-\theta_3)}{\sqrt{(\alpha^2-\beta^2-\omega^2)^2+4\alpha^2\omega^2}}$	$\theta_3=\tan^{-1}\left(\dfrac{2\alpha\omega}{\alpha^2-\beta^2-\omega^2}\right)$

$$(2\text{-}41)$$

これで位相角が θ_3 と一つだけになりました。また、入力 $v_i(t)=V\cos\omega t$ の応答を、入力と同じ cos で表すことができました。以下、この表記で畳み込み積分の結果を並べていきます。

$(e^{-\alpha t}\times$三角関数$)$ 以外に、ラプラス逆変換の結果が $t\,e^{-\alpha t}$ で表されることもよくあるので、この場合の結果と、積分回路を解いたときのラプラス逆変換の結果 $e^{-\alpha t}$ の畳み込み積分も一般的な表記で追加しました。

$$V\,e^{j\omega t} * e^{-\alpha t}\cos\beta t$$

$v_i(t) = V\cos\omega t$ に対応する実部

$$= \begin{cases} \dfrac{\omega(\alpha^2 - \beta^2 + \omega^2)}{\alpha(\alpha^2 + \beta^2 + \omega^2)} > 0 \text{ の場合} \quad V\sqrt{\dfrac{\alpha^2 + \omega^2}{(\alpha^2 + \beta^2 - \omega^2)^2 + 4\alpha^2\omega^2}}\cos(\omega t - \theta) \\[4ex] \dfrac{\omega(\alpha^2 - \beta^2 + \omega^2)}{\alpha(\alpha^2 + \beta^2 + \omega^2)} < 0 \text{ の場合} \quad -V\sqrt{\dfrac{\alpha^2 + \omega^2}{(\alpha^2 + \beta^2 - \omega^2)^2 + 4\alpha^2\omega^2}}\cos(\omega t - \theta) \end{cases}$$

$$\theta = \tan^{-1}\left[\frac{\omega(\alpha^2 - \beta^2 + \omega^2)}{\alpha(\alpha^2 + \beta^2 + \omega^2)}\right]$$

$$+V e^{-\alpha t}\sqrt{\frac{\alpha^2 + \beta^2}{(\alpha^2 + \beta^2 - \omega^2)^2 + 4\alpha^2\omega^2}}\sin(\beta t + \theta_1) \qquad \theta_1 = \tan^{-1}\left[\frac{-\alpha(\alpha^2 + \beta^2 + \omega^2)}{\beta(\alpha^2 + \beta^2 - \omega^2)}\right]$$

$v_i(t) = V\sin\omega t$ に対応する虚部

$$= V\sqrt{\frac{\alpha^2 + \omega^2}{(\alpha^2 + \beta^2 - \omega^2)^2 + 4\alpha^2\omega^2}}\sin(\omega t - \theta)$$

$$+V e^{-\alpha t}\sqrt{\frac{\omega^2}{(\alpha^2 + \beta^2 - \omega^2)^2 + 4\alpha^2\omega^2}}\sin(\beta t + \theta_2) \qquad \theta_2 = \tan^{-1}\left[\frac{\alpha^2 - \beta^2 + \omega^2}{-2\alpha\beta}\right]$$

$$(2\text{-}42)$$

$$V\,e^{j\omega t} * e^{-\alpha t}\sin\beta t$$

$v_i(t) = V\cos\omega t$ に対応する実部

$$= \begin{cases} \dfrac{\alpha^2 + \beta^2 - \omega^2}{2\alpha\omega} > 0 \text{ の場合} \quad V\sqrt{\dfrac{\beta^2}{(\alpha^2 + \beta^2 - \omega^2)^2 + 4\alpha^2\omega^2}}\cos(\omega t - \theta) \\[4ex] \dfrac{\alpha^2 + \beta^2 - \omega^2}{2\alpha\omega} < 0 \text{ の場合} \quad -V\sqrt{\dfrac{\beta^2}{(\alpha^2 + \beta^2 - \omega^2)^2 + 4\alpha^2\omega^2}}\cos(\omega t - \theta) \end{cases}$$

$$\theta = \tan^{-1}\left(\frac{2\alpha\omega}{\alpha^2 + \beta^2 - \omega^2}\right)$$

$$-V e^{-\alpha t}\sqrt{\frac{\alpha^2 + \beta^2}{(\alpha^2 + \beta^2 - \omega^2)^2 + 4\alpha^2\omega^2}}\sin(\beta t + \theta_1) \qquad \theta_1 = \tan^{-1}\left[\frac{\beta(\alpha^2 + \beta^2 - \omega^2)}{\alpha(\alpha^2 + \beta^2 + \omega^2)}\right]$$

$v_i(t) = V\sin\omega t$ に対応する虚部

$$= V\sqrt{\frac{\beta^2}{(\alpha^2 + \beta^2 - \omega^2)^2 + 4\alpha^2\omega^2}}\sin(\omega t - \theta)$$

$$-V e^{-\alpha t}\sqrt{\frac{\omega^2}{(\alpha^2 + \beta^2 - \omega^2)^2 + 4\alpha^2\omega^2}}\sin(\beta t + \theta_2) \qquad \theta_2 = \tan^{-1}\left(\frac{2\alpha\beta}{\alpha^2 - \beta^2 + \omega^2}\right)$$

$$(2\text{-}43)$$

$V\,e^{j\,\omega t} * e^{-\alpha t}\cosh\beta t$ （ハイパボリック コサイン）

$v_i(t) = V\cos\omega t$ に対応する実部

$$
= \begin{cases}
\dfrac{\alpha(\alpha^2-\beta^2+\omega^2)}{\omega(\alpha^2+\beta^2+\omega^2)} > 0 \text{ の場合} & V\sqrt{\dfrac{\alpha^2+\omega^2}{(\alpha^2-\beta^2-\omega^2)^2+4\alpha^2\omega^2}}\cos(\omega t-\theta) \\[3em]
\dfrac{\alpha(\alpha^2-\beta^2+\omega^2)}{\omega(\alpha^2+\beta^2+\omega^2)} < 0 \text{ の場合} & -V\sqrt{\dfrac{\alpha^2+\omega^2}{(\alpha^2-\beta^2-\omega^2)^2+4\alpha^2\omega^2}}\cos(\omega t-\theta)
\end{cases}
$$

$$
\theta = \tan^{-1}\left[\frac{\omega(\alpha^2+\beta^2+\omega^2)}{\alpha(\alpha^2-\beta^2+\omega^2)}\right]
$$

$$
-\frac{V e^{-(\alpha+\beta)t}}{2}\cdot\frac{(\alpha-\beta)(\alpha^2-\beta^2-\omega^2)+2\alpha\omega^2}{(\alpha^2-\beta^2-\omega^2)^2+4\alpha^2\omega^2} - \frac{V e^{-(\alpha-\beta)t}}{2}\cdot\frac{(\alpha+\beta)(\alpha^2-\beta^2-\omega^2)+2\alpha\omega^2}{(\alpha^2-\beta^2-\omega^2)^2+4\alpha^2\omega^2}
$$

$v_i(t) = V\sin\omega t$ に対応する虚部

$$
= V\sqrt{\frac{\alpha^2+\omega^2}{(\alpha^2-\beta^2-\omega^2)^2+4\alpha^2\omega^2}}\sin(\omega t-\theta)
$$

$$
-\frac{V e^{-(\alpha+\beta)t}}{2}\cdot\frac{\omega(\alpha^2-\beta^2-\omega^2)-2\alpha\omega(\alpha-\beta)}{(\alpha^2-\beta^2-\omega^2)^2+4\alpha^2\omega^2} - \frac{V e^{-(\alpha-\beta)t}}{2}\cdot\frac{\omega(\alpha^2-\beta^2-\omega^2)-2\alpha\omega(\alpha+\beta)}{(\alpha^2-\beta^2-\omega^2)^2+4\alpha^2\omega^2}
$$

$$(2\text{-}44)$$

$V\,e^{j\,\omega t} * e^{-\alpha t}\sinh\beta t$ （ハイパボリック サイン）

$v_i(t) = V\cos\omega t$ に対応する実部

$$
= \begin{cases}
\dfrac{\alpha^2-\beta^2-\omega^2}{2\alpha\omega} > 0 \text{ の場合} & V\sqrt{\dfrac{\beta^2}{(\alpha^2-\beta^2-\omega^2)^2+4\alpha^2\omega^2}}\cos(\omega t-\theta) \\[3em]
\dfrac{\alpha^2-\beta^2-\omega^2}{2\alpha\omega} < 0 \text{ の場合} & -V\sqrt{\dfrac{\beta^2}{(\alpha^2-\beta^2-\omega^2)^2+4\alpha^2\omega^2}}\cos(\omega t-\theta)
\end{cases}
$$

$$
\theta = \tan^{-1}\left(\frac{2\alpha\omega}{\alpha^2-\beta^2-\omega^2}\right)
$$

$$
+\frac{V e^{-(\alpha+\beta)t}}{2}\cdot\frac{(\alpha-\beta)(\alpha^2-\beta^2-\omega^2)+2\alpha\omega^2}{(\alpha^2-\beta^2-\omega^2)^2+4\alpha^2\omega^2} - \frac{V e^{-(\alpha-\beta)t}}{2}\cdot\frac{(\alpha+\beta)(\alpha^2-\beta^2-\omega^2)+2\alpha\omega^2}{(\alpha^2-\beta^2-\omega^2)^2+4\alpha^2\omega^2}
$$

$v_i(t) = V\sin\omega t$ に対応する虚部

$$
= V\sqrt{\frac{\beta^2}{(\alpha^2-\beta^2-\omega^2)^2+4\alpha^2\omega^2}}\sin(\omega t-\theta)
$$

$$
+\frac{V e^{-(\alpha+\beta)t}}{2}\cdot\frac{\omega(\alpha^2-\beta^2-\omega^2)-2\alpha\omega(\alpha-\beta)}{(\alpha^2-\beta^2-\omega^2)^2+4\alpha^2\omega^2} - \frac{V e^{-(\alpha-\beta)t}}{2}\cdot\frac{\omega(\alpha^2-\beta^2-\omega^2)-2\alpha\omega(\alpha+\beta)}{(\alpha^2-\beta^2-\omega^2)^2+4\alpha^2\omega^2}
$$

$$(2\text{-}45)$$

$V\,e^{j\,\omega t} * t\,e^{-\alpha t}$

$v_i(t) = V\cos\omega t$ に対応する実部

$$= \begin{cases} \dfrac{\alpha^2 - \omega^2}{2\alpha\omega} > 0 \text{ の場合} & \dfrac{V}{\alpha^2 + \omega^2}\cos(\omega t - \theta) \\[3mm] \dfrac{\alpha^2 - \omega^2}{2\alpha\omega} < 0 \text{ の場合} & \dfrac{-V}{\alpha^2 + \omega^2}\cos(\omega t - \theta) \end{cases} \qquad \theta = \tan^{-1}\left(\dfrac{2\alpha\omega}{\alpha^2 - \omega^2}\right)$$

$$-V e^{-\alpha t}\left\{\dfrac{\alpha}{\alpha^2 + \omega^2}\,t + \dfrac{\alpha^2 - \omega^2}{(\alpha^2 + \omega^2)^2}\right\}$$

$v_i(t) = V\sin\omega t$ に対応する虚部

$$= \dfrac{V}{\alpha^2 + \omega^2}\sin(\omega t - \theta)$$

$$+V e^{-\alpha t}\left\{\dfrac{\omega}{\alpha^2 + \omega^2}\,t + \dfrac{2\alpha\omega}{(\alpha^2 + \omega^2)^2}\right\}$$

(2-46)

$V\,e^{j\,\omega t} * e^{-\alpha t}$ （積分回路を解いたときの式）

$v_i(t) = V\cos\omega t$ に対応する実部

$$= \begin{cases} \dfrac{\alpha}{\omega} > 0 \text{ の場合} & \dfrac{V}{\sqrt{\alpha^2 + \omega^2}}\cos(\omega t - \theta) \\[3mm] \dfrac{\alpha}{\omega} < 0 \text{ の場合} & \dfrac{-V}{\sqrt{\alpha^2 + \omega^2}}\cos(\omega t - \theta) \end{cases} \qquad \theta = \tan^{-1}\dfrac{\omega}{\alpha}$$

$$-V e^{-\alpha t}\dfrac{\alpha}{\alpha^2 + \omega^2}$$

$v_i(t) = V\sin\omega t$ に対応する虚部

$$= \dfrac{V}{\sqrt{\alpha^2 + \omega^2}}\sin(\omega t - \theta)$$

$$+V e^{-\alpha t}\dfrac{\omega}{\alpha^2 + \omega^2}$$

(2-47)

　例えば、最後の式 (2-47) を使う場合を考えましょう。積分回路を解いたときの式を思い出してください。積分回路の出力電圧はラプラス逆変換の結果、

$$v_o(t) = \frac{1}{RC} v_i(t) * e^{-\frac{t}{RC}} + v_o(0) \cdot e^{-\frac{t}{RC}} \tag{2-14}$$

と求まりました。ここでも $v_o(0) = 0[V]$ とし、入力信号を $Ve^{j\omega t}$ とすれば、

$$v_o(t) = \frac{1}{RC} Ve^{j\omega t} * e^{-\frac{t}{RC}} \tag{2-48}$$

です。この式の畳み込み積分は、式 (2-47) の畳み込み積分の形になっています。式 (2-47) の計算結果を使うには式 (2-48) の畳み込み積分の部分を見比べて、式 (2-47) の α を $\alpha = 1/RC$ とすれば式が一致するので、式 (2-47) の計算結果に $\alpha = 1/RC$ を代入して、最後に $1/RC$ を掛ければ式 (2-48) の答えになるわけです。

$\alpha = \dfrac{1}{RC}$、$\dfrac{\alpha}{\omega} > 0$、$\dfrac{\omega}{\alpha} = \omega RC$ なので、式 (2-47) を使って

$v_i(t) = V\cos\omega t$ に対応する実部

$$v_o(t) = \frac{-1}{1 + \omega^2 R^2 C^2} Ve^{-\frac{t}{RC}} + \frac{V}{\sqrt{1 + \omega^2 R^2 C^2}} \cos(\omega t - \tan^{-1}\omega RC) \qquad v_o(t = 0) = 0 \tag{2-49}$$

$v_i(t) = V\sin\omega t$ に対応する虚部

$$v_o(t) = \frac{\omega RC}{1 + \omega^2 R^2 C^2} V e^{-\frac{t}{RC}} + \frac{V}{\sqrt{1 + \omega^2 R^2 C^2}} \sin(\omega t - \tan^{-1}\omega RC) \qquad v_o(t=0) = 0$$

となり、実部は sin を cos に書き換えていますが、2.2 節 積分回路 で求めた下の式 (2-18) と一致しています。

$v_i(t) = V \cos \omega t$ に対応する実部

$$v_o(t) = \frac{-1}{1 + \omega^2 R^2 C^2} V e^{-\frac{t}{RC}} + \frac{1}{\sqrt{1 + \omega^2 R^2 C^2}} V \sin(\omega t + \tan^{-1}\left(\frac{1}{\omega RC}\right)) \qquad v_o(t=0) = 0$$

(2-18)

$v_i(t) = V \sin \omega t$ に対応する虚部

$$v_o(t) = \frac{\omega RC}{1 + \omega^2 R^2 C^2} V e^{-\frac{t}{RC}} + \frac{1}{\sqrt{1 + \omega^2 R^2 C^2}} V \sin(\omega t - \tan^{-1}(\omega RC)) \qquad v_o(t=0) = 0$$

式 (2-42)〜(2-47) の網掛けした部分の条件には、「=0」がありませんが、最終的に回路の定数を代入した後に、「=0」がどのような回路状態を表しているのか、考察してみてください。

もし通常の、入力信号ごとラプラス変換し、部分分数の変形で応答を導くやり方をとった場合、ラプラス逆変換後には入力信号 $Ve^{j\omega}$ と、($e^{-at} \times$ 三角関数)が混ざってしまい、式 (2-42)〜(2-47) のどれが適応できるかわかりにくくなります。これが、ラプラス逆変換まで入力信号を記号のままとし、逆変換後に畳み込み積分を使う一番の理由です。

2.5 ラプラス変換の具体例 (バンドパス フィルター回路)

ラプラス変換を使った微分方程式の解法の最後として、インダクタンス (コイル) とキャパシタンス (コンデンサ) の両方を使う少し複雑な回路の微分方程式に挑戦してみましょう。**図 2-7** は、狙った周波数付近の信号だけを選んで出力するバンドパス フィルター (Band Pass Filter) 回路です。ここで求める出力はコイルを流れる電流 $i_o(t)$ とします。インダクタンスとキャパシタンスがあることで微分方程式が複雑になるだけでなく、共振現象により、共振周波数を境とした条件の場合分けも必要になってきます。

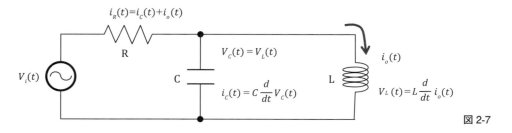

図 2-7

それでは始めましょう。まずは、入力電圧 $v_i(t)$ と求めたい出力電流 $i_o(t)$ が含まれた微分方程式をつくります。インダクタンス L が追加されましたが、L にかかる電圧と流れる電流の関係は、2.1 節 "LCR の電圧、電流特性" で説明したとおり微分形で書けば、

$$v_L(t) = L \frac{d}{dt} i_o(t)$$

です。ここでは、入力 $v_i(t)$ がこの $v_L(t)$ と抵抗 R の両端にかかる電圧の和であることと、各回路素子を流れる電流の収支の式

$$i_R(t) = i_c(t) + i_o(t)$$

から微分方程式を立てます。

$$
\begin{aligned}
v_i(t) &= R\, i_R(t) + v_L(t) \\
&= R\left\{i_c(t) + i_o(t)\right\} + v_L(t) \\
&= R\left\{C \frac{d}{dt} v_c(t) + i_o(t)\right\} + L \frac{d}{dt} i_o(t) \\
&= LCR \frac{d^2}{d^2 t} i_o(t) + R\, i_o(t) + L \frac{d}{dt} i_o(t)
\end{aligned}
$$

結果、微分方程式は、

$$v_i(t) = LCR \frac{d^2}{d^2 t} i_o(t) + L \frac{d}{dt} i_o(t) + R\, i_o(t) \tag{2-50}$$

となりました。この微分方程式をラプラス変換します。ここでも入力を $f(t)$、求める出力を $x(t)$ と書き換えます。微分法則と線形法則により、

$f(t) = v_i(t)$ 、 $x(t) = i_o(t)$ で Laplace 変換

$$f(t) = LCR\, x''(t) + L\, x'(t) + R\, x(t)$$

$$\Downarrow \tag{2-51}$$

$$F(s) = LCR\left\{s^2 X(s) - s\, x(t=0) - x'(t=0)\right\} + L\left\{s\, X(s) - x(t=0)\right\} + RX(s)$$

となりました。この時点で初期条件を適応してもかまいません。コイルの初期電流が 0A（残存電流なし）の場合なら、$x(0) = 0$、$x'(0) = 0$ ($i_0(0) = 0$、$i'_0(0) = 0$) となり計算は楽です。ただここでは初期条件を最後に適応させることにして計算を進めます。それでは式 (2-51) を求めたい $X(s) =$ の形に変形しましょう。

$$
\begin{aligned}
F(s) &= LCR\left\{s^2 X(s) - s\, x(t=0) - x'(t=0)\right\} + L\left\{s\, X(s) - x(t=0)\right\} + RX(s) \\
&= \{LCRs^2 + Ls + R\}X(s) - sLCRx(t=0) - LCRx'(t=0) - L\, x(t=0)
\end{aligned}
$$

つづき

$$(2\text{-}51)$$

$$X(s) = \frac{1}{\{LCRs^2 + Ls + R\}}\left\{F(s) + sLCRx(t=0) + LCRx'(t=0) + L\, x(t=0)\right\}$$

さて、ここからラプラス逆変換のための式の変形を行うわけですが、畳み込み積分の説明で書いたように、ラプラス逆変換の結果は回路を解く場合、($e^{-at} \times$ 三角関数) の形になる場合がほとんどです。ここでも先に言ってしまうと、

$$\cos at \Leftarrow \frac{s}{s^2 + a^2}$$ さらに移動法則を組み合わせて、 $$e^{bt} \cos at \Leftarrow \frac{s-b}{(s-b)^2 + a^2}$$

$$\sin at \Leftarrow \frac{a}{s^2 + a^2}$$ さらに移動法則を組み合わせて、 $$e^{bt} \sin at \Leftarrow \frac{a}{(s-b)^2 + a^2}$$

$$\cosh at \Leftarrow \frac{s}{s^2 - a^2}$$ さらに移動法則を組み合わせて、 $$e^{bt} \cosh at \Leftarrow \frac{s-b}{(s-b)^2 - a^2}$$

$$\sinh at \Leftarrow \frac{a}{s^2 - a^2}$$ さらに移動法則を組み合わせて、 $$e^{bt} \sinh at \Leftarrow \frac{a}{(s-b)^2 - a^2}$$

$$(2\text{-}52)$$

の形になるように変形を行っていきます。

$$X(s) = \frac{1}{\{LCRs^2 + Ls + R\}}\{F(s) + sLCRx(t=0) + LCRx'(t=0) + Lx(t=0)\}$$

$$= \frac{1}{\left\{s^2 + \frac{1}{CR}s + \frac{1}{LC}\right\}}\left\{\frac{F(s)}{LCR} + sx(t=0) + x'(t=0) + \frac{1}{CR}x(t=0)\right\}$$

$$= \frac{1}{\left\{\left(s + \frac{1}{2CR}\right)^2 - \left(\frac{1}{2CR}\right)^2 + \frac{1}{LC}\right\}}\left\{\frac{F(s)}{LCR} + sx(t=0) + x'(t=0) + \frac{1}{CR}x(t=0)\right\}$$

$$= \frac{1}{\left\{\left(s + \frac{1}{2CR}\right)^2 - \left(\frac{1}{2CR}\right)^2 + \frac{1}{LC}\right\}} \cdot \frac{F(s)}{LCR}$$

$$+ \frac{\left(s + \frac{1}{2CR}\right)x(t=0)}{\left\{\left(s + \frac{1}{2CR}\right)^2 - \left(\frac{1}{2CR}\right)^2 + \frac{1}{LC}\right\}} + \frac{-\frac{1}{2CR}x(t=0) + x'(t=0) + \frac{1}{CR}x(t=0)}{\left\{\left(s + \frac{1}{2CR}\right)^2 - \left(\frac{1}{2CR}\right)^2 + \frac{1}{LC}\right\}}$$

$$= \frac{1}{\left\{\left(s + \frac{1}{2CR}\right)^2 \boxed{- \left(\frac{1}{2CR}\right)^2 + \frac{1}{LC}}\right\}} \cdot \frac{F(s)}{LCR}$$

$$+ \frac{\left(s + \frac{1}{2CR}\right)x(t=0)}{\left\{\left(s + \frac{1}{2CR}\right)^2 \boxed{- \left(\frac{1}{2CR}\right)^2 + \frac{1}{LC}}\right\}} + \frac{\frac{1}{2CR}x(t=0) + x'(t=0)}{\left\{\left(s + \frac{1}{2CR}\right)^2 \boxed{- \left(\frac{1}{2CR}\right)^2 + \frac{1}{LC}}\right\}}$$

ここの符号で逆 Laplace 変換に使う公式が変わる

つづき

$$(2\text{-}51)$$

最後の 2 行で書き表した式を見てください。この式をラプラス逆変換するわけですが、公式 (2-52) と見比べると、囲み部分が正か負かで、$\sin at$ などの形に変換されるラプラス逆変換を使うか、$\sinh at$ などの形に変換されるラプラス逆変換を使うかが決まります。まずは、この部分を負とした場合を計算しましょう。ラプラス逆変換の結果まで書きます。像関数の式の書き換えを右で行い、そのラプラス逆変換の結果を左に書きました。ここでは公式 (2-52) の下の 2 行、ハイパボリックの公式を使うことになります。

①　$-\left(\dfrac{1}{2CR}\right)^2 + \dfrac{1}{LC} < 0$ の場合

$\left(\dfrac{1}{2CR}\right)^2 - \dfrac{1}{LC} > 0$ なので

$\beta = \sqrt{\left(\dfrac{1}{2CR}\right)^2 - \dfrac{1}{LC}}$ と置くとルートの中身は正でβは実数

$x(t) = \dfrac{1}{\beta LCR} f(t) * e^{-\frac{1}{2CR}t} \sinh \beta t$

$\quad + x(t=0)\, e^{-\frac{1}{2CR}t} \cosh \beta t$

$\quad + \dfrac{1}{\beta}\left\{\dfrac{1}{2CR}x(t=0) + x'(t=0)\right\}$

$\qquad \cdot\, e^{-\frac{1}{2CR}t} \sinh \beta t$

$\Leftarrow$

$$X(s) = \dfrac{\beta}{\left(s+\dfrac{1}{2CR}\right)^2 - \beta^2} \cdot \dfrac{F(s)}{LCR} \cdot \dfrac{1}{\beta}$$

$$+ \dfrac{\left(s+\dfrac{1}{2CR}\right)}{\left(s+\dfrac{1}{2CR}\right)^2 - \beta^2} \cdot x(t=0)$$

$$+ \dfrac{\beta}{\left(s+\dfrac{1}{2CR}\right)^2 - \beta^2} \cdot \dfrac{\dfrac{1}{2CR}x(t=0) + x'(t=0)}{\beta}$$

(2-53)

したがって、求める $i_0(t)$ は、

$i_o(t) = \dfrac{1}{\beta LCR} v_i(t) * e^{-\frac{1}{2CR}t} \sinh \beta t + \dfrac{1}{\beta}\left\{\dfrac{1}{2CR} i_o(0) + i_o{}'(0)\right\} e^{-\frac{1}{2CR}t} \sinh \beta t + i_o(0)\, e^{-\frac{1}{2CR}t} \cosh \beta t$

ここで、　$\beta = \sqrt{\left(\dfrac{1}{2CR}\right)^2 - \dfrac{1}{LC}}$　(2-54)

が答えです。ここから畳み込み積分を片づけます。畳み込み積分の形をした第一項のみ抜き出します。

$i_o(t) = \dfrac{1}{\beta LCR} v_i(t) * e^{-\frac{1}{2CR}t} \sinh \beta t$　　　　　ここで、　$\beta = \sqrt{\left(\dfrac{1}{2CR}\right)^2 - \dfrac{1}{LC}}$　　(2-55)

後はこの式 (2-55) に、前節 2.4 "畳み込み積分" の式 (2-42)〜(2-47) のうちの式 (2-45) で提示した、入力と $e^{-at} \sinh \beta t$ の畳み込み積分の結果を当てはめればよいわけです。その前に、式 (2-51) の最後の 2 行の囲み部分について、ほかの条件の場合も解いておきましょう。今度は公式 (2-52) の上の 2 行の公式を使うことになります。

② $-\left(\dfrac{1}{2CR}\right)^2 + \dfrac{1}{LC} > 0$ の場合、

$$\gamma = \sqrt{\dfrac{1}{LC} - \left(\dfrac{1}{2CR}\right)^2} \quad \text{と置くとルートの中身は正で} \gamma \text{は実数}$$

$$x(t) = \dfrac{1}{\gamma LCR} f(t) * e^{-\frac{1}{2CR}t} \sin\gamma t$$

$$+ x(t=0) e^{-\frac{1}{2CR}t} \cos\gamma t$$

$$+ \dfrac{1}{\gamma}\left\{\dfrac{1}{2CR}x(t=0) + x'(t=0)\right\}$$

$$\cdot e^{-\frac{1}{2CR}t} \sin\gamma t$$

$$\Leftarrow \quad X(s) = \dfrac{\gamma}{\left(s + \frac{1}{2CR}\right)^2 + \gamma^2} \cdot \dfrac{F(s)}{LCR} \cdot \dfrac{1}{\gamma}$$

$$+ \dfrac{\left(s + \frac{1}{2CR}\right)}{\left(s + \frac{1}{2CR}\right)^2 + \gamma^2} \cdot x(t=0)$$

$$+ \dfrac{\gamma}{\left(s + \frac{1}{2CR}\right)^2 + \gamma^2} \cdot \dfrac{\frac{1}{2CR}x(t=0) + x'(t=0)}{\gamma}$$

(2-56)

$$i_o(t) = \dfrac{1}{\gamma LCR} v_i(t) * e^{-\frac{1}{2CR}t} \sin\gamma t + \dfrac{1}{\gamma}\left\{\dfrac{1}{2CR}i_o(0) + i_o{}'(0)\right\} e^{-\frac{1}{2CR}t} \sin\gamma t + i_o(0) e^{-\frac{1}{2CR}t} \cos\gamma t$$

$$\text{ここで、} \quad \gamma = \sqrt{\dfrac{1}{LC} - \left(\dfrac{1}{2CR}\right)^2} \quad \text{(2-57)}$$

が答えです。ここでも畳み込み積分の第一項を抜き出すと、

$$i_o(t) = \dfrac{1}{\gamma LCR} v_i(t) * e^{-\frac{1}{2CR}t} \sin\gamma t \qquad\qquad \text{ここで、} \quad \gamma = \sqrt{\dfrac{1}{LC} - \left(\dfrac{1}{2CR}\right)^2} \quad \text{(2-58)}$$

です。それでは三つ目の条件の場合の答えも導きましょう。条件 $=0$ の場合ですが、ここで使うラプラス逆変換の公式は、

1	$\Leftarrow$	$\dfrac{1}{s}$	さらに移動法則を組み合わせて、	$e^{bt} \quad \Leftarrow$	$\dfrac{1}{s-b}$
t	$\Leftarrow$	$\dfrac{1}{s^2}$	さらに移動法則を組み合わせて、	$e^{bt}t \quad \Leftarrow$	$\dfrac{1}{(s-b)^2}$

(2-59)

です。それでは像関数を変形してラプラス逆変換を行いましょう。

③　$-\left(\dfrac{1}{2CR}\right)^2 + \dfrac{1}{LC} = 0$ の場合、

$$X(s) = \dfrac{1}{\left(s+\dfrac{1}{2CR}\right)^2} \cdot \dfrac{F(s)}{LCR}$$

$$+ \dfrac{\left(s+\dfrac{1}{2CR}\right)}{\left(s+\dfrac{1}{2CR}\right)^2} \cdot x(t=0)$$

$$+ \dfrac{1}{\left(s+\dfrac{1}{2CR}\right)^2} \cdot \left\{\dfrac{1}{2CR}x(t=0) + x'(t=0)\right\} \tag{2-60}$$

$$X(s) = \dfrac{1}{\left(s+\dfrac{1}{2CR}\right)^2} \cdot \dfrac{F(s)}{LCR}$$

$$+ \dfrac{1}{s+\dfrac{1}{2CR}} \cdot x(t=0)$$

$$+ \dfrac{1}{\left(s+\dfrac{1}{2CR}\right)^2} \cdot \left\{\dfrac{1}{2CR}x(t=0) + x'(t=0)\right\}$$

$\Leftarrow$

$$x(t) = \dfrac{1}{LCR}f(t) * t\, e^{-\frac{1}{2CR}t}$$

$$+ x(t=0)\, e^{-\frac{1}{2CR}t}$$

$$+ \left\{\dfrac{1}{2CR}x(t=0) + x'(t=0)\right\} \cdot t\, e^{-\frac{1}{2CR}t}$$

$$i_o(t) = \dfrac{1}{LCR}v_i(t) * t\, e^{-\frac{1}{2CR}t} + \left\{\dfrac{1}{2CR}i_o(0) + i_o'(0)\right\}t\, e^{-\frac{1}{2CR}t} + i_o(0)\, e^{-\frac{1}{2CR}t} \tag{2-61}$$

が答えです。ここでも畳み込み積分の第一項を抜き出すと、

$$i_o(t) = \dfrac{1}{LCR}v_i(t) * t\, e^{-\frac{1}{2CR}t} \tag{2-62}$$

です。

改めて、式 (2-55)、(2-58)、(2-62) を並べてみます。

①　$i_o(t) = \dfrac{1}{\beta LCR}v_i(t) * e^{-\frac{1}{2CR}t}\sinh\beta t$　　$\beta = \sqrt{\left(\dfrac{1}{2CR}\right)^2 - \dfrac{1}{LC}}$　　　$-\left(\dfrac{1}{2CR}\right)^2 + \dfrac{1}{LC} < 0$

②　$i_o(t) = \dfrac{1}{\gamma LCR}v_i(t) * e^{-\frac{1}{2CR}t}\sin\gamma t$　　$\gamma = \sqrt{\dfrac{1}{LC} - \left(\dfrac{1}{2CR}\right)^2}$　　　$-\left(\dfrac{1}{2CR}\right)^2 + \dfrac{1}{LC} > 0$ $\tag{2-63}$

③　$i_o(t) = \dfrac{1}{LCR}v_i(t) * t\, e^{-\frac{1}{2CR}t}$　　　　　　　　　　$-\left(\dfrac{1}{2CR}\right)^2 + \dfrac{1}{LC} = 0$

　これから $i_0(t)$ を求めるために、ラプラス逆変換後の上式に、前節 2.4 "畳み込み積分" の式 (2-42)〜(2-47) の結果を使うわけですが、ここで次の前提を追加します。

・入力電圧は $v_i(t) = V\cos\omega t$ とする（後で結果をグラフにするためです。矩形波が $\cos\omega t$ の基本波・高調波からなることに関係します）。

・e^{-at} で時間とともに急激に減少する項は無視する（e^{-at} の項も含むグラフ化はこの本では行いません）

結果、式 (2-42)～(2-47) の網掛けした式のみを使うことになります。ここで、①で使用する式 (2-45)、②について使用する式 (2-43) の網掛けした部分の式を見比べてください。違いは $\alpha^2 - \beta^2$ が、$\alpha^2 + \beta^2$ に置き換わっただけです。この部分だけ先に計算しましょう。式 (2-43) の β は、②では γ で表されているので、$\alpha^2 - \beta^2$ と $\alpha^2 + \gamma^2$ を比較することになります。①も②も $\alpha = 1/2CR$ ですので、

$$①の場合、\quad \alpha^2 - \beta^2 = 1/LC$$
$$②の場合、\quad \alpha^2 + \beta^2 = \alpha^2 + \gamma^2 = 1/LC$$

と同じになり、最終的な $i_0(t)$ も一致します。つまり、①と②のどちらで解いても良いわけです。以下、①について解くことにします。

また、③で解く $i_0(t)$ についても、①と②で解いた結果に対して、③の右に書いた条件（変形すると $\left(\dfrac{1}{CR}\right)^2 = \dfrac{4}{LC}$ になります）を適応すると、①と②の結果が、③の結果と一致する（①と②が③を兼ねている）ので、③の説明もしないことにします。それでは始めましょう。

まず、①を解くのに使用する畳み込み積分の結果を書き出します。式 (2-45) の網掛けした部分です。

$V e^{j\omega t} * e^{-\alpha t} \sinh \beta t$ （ハイパボリック サイン）

$v_i(t) = V \cos \omega t$ に対応する実部

$\dfrac{2\alpha\omega}{\alpha^2 - \beta^2 - \omega^2} > 0$ の場合 $\quad V \sqrt{\dfrac{\beta^2}{(\alpha^2 - \beta^2 - \omega^2)^2 + 4\alpha^2\omega^2}} \cos(\omega t - \theta)$

$$\theta = \tan^{-1}\left(\dfrac{2\alpha\omega}{\alpha^2 - \beta^2 - \omega^2}\right)$$

$\dfrac{2\alpha\omega}{\alpha^2 - \beta^2 - \omega^2} < 0$ の場合 $\quad -V \sqrt{\dfrac{\beta^2}{(\alpha^2 - \beta^2 - \omega^2)^2 + 4\alpha^2\omega^2}} \cos(\omega t - \theta)$

$$(2\text{-}64)$$

この式 (2-64) の畳み込み積分の結果を①に使いましょう。

①より、$\alpha = \dfrac{1}{2CR}$、$\beta = \sqrt{\left(\dfrac{1}{2CR}\right)^2 - \dfrac{1}{LC}}$ として、式 (2-64) を使う

$$2\alpha\omega = \dfrac{\omega}{CR} > 0、\quad \alpha^2 - \beta^2 - \omega^2 = \left(\dfrac{1}{2CR}\right)^2 - \left(\dfrac{1}{2CR}\right)^2 + \dfrac{1}{LC} - \omega^2 = \dfrac{1}{LC} - \omega^2 \qquad (2\text{-}65)$$

したがって、式 (2-64) の条件 $\dfrac{2\alpha\omega}{\alpha^2 - \beta^2 - \omega^2}$ は、$\dfrac{1}{LC} - \omega^2$ で判断すればよい

畳み込み積分の部分、$V \cos \omega t * e^{-\alpha t} \sinh \beta t$ は、

$\dfrac{1}{LC} - \omega^2 > 0$ の場合　　$\dfrac{V\beta\cos(\omega t - \theta)}{\sqrt{\left(\dfrac{1}{LC} - \omega^2\right)^2 + \left(\dfrac{\omega}{CR}\right)^2}}$

$\dfrac{1}{LC} - \omega^2 < 0$ の場合　$-\dfrac{V\beta\cos(\omega t - \theta)}{\sqrt{\left(\dfrac{1}{LC} - \omega^2\right)^2 + \left(\dfrac{\omega}{CR}\right)^2}}$

$\theta = \tan^{-1}\left(\dfrac{\dfrac{\omega}{CR}}{\dfrac{1}{LC} - \omega^2}\right)$

① 　$i_o(t) = \dfrac{1}{\beta LCR} V\cos\omega t * e^{-\frac{1}{2CR}t}\sinh\beta t$ なので、

バンドパスフィルターの出力電流は、 (2-66)

$\dfrac{1}{LC} - \omega^2 > 0$ の場合　　$i_o(t) = \dfrac{1}{LCR} \cdot \dfrac{V\cos(\omega t - \theta)}{\sqrt{\left(\dfrac{1}{LC} - \omega^2\right)^2 + \left(\dfrac{\omega}{CR}\right)^2}}$

$\dfrac{1}{LC} - \omega^2 < 0$ の場合　　$i_o(t) = \dfrac{1}{LCR} \cdot \dfrac{-V\cos(\omega t - \theta)}{\sqrt{\left(\dfrac{1}{LC} - \omega^2\right)^2 + \left(\dfrac{\omega}{CR}\right)^2}}$

$\theta = \tan^{-1}\left(\dfrac{\dfrac{\omega}{CR}}{\dfrac{1}{LC} - \omega^2}\right)$

前提条件は、　　　入力電圧：$V\cos\omega t$ 、　　　$i_o(0) = 0$, $i_o'(0) = 0$、

$e^{-\alpha t}$ で時間とともに急激に減衰する項は無視している

$i_0(t)$ が求まりました。もし初期電流が存在するなら、これに式 (2-54) の第 2 項と第 3 項を加えればよいことになります。

　導いた $i_0(t)$ は、電圧 $V\cos\omega t$ を回路に入力したときの応答です。この $V\cos\omega t$ の角周波数 ω の値を変えたとき、$i_0(t)$ の cos 波形の振幅と位相がどう変化するかを考えてみましょう。特に $i_0(t)$ の条件が $=0$ となる ω の前後に注目します。まずは振幅です。$i_0(t)$ は条件により振幅の符号（正か負か）だけが異なる二つの cos 波形に書き表されています。その分母を見ると、どちらも条件である $\dfrac{4}{LC} - \omega^2$ の 2 乗が $\sqrt{}$ の中にあります。条件 $=0$ を考えると、分母の大きさは最小になるので、cos 波形 $i_0(t)$ の振幅は最大になります。一方で 2 乗されているので、条件が正であろうと負であろうと 0 以外の値を持てば、分母は条件が 0 の場合より大きくなります。ですので、cos 波形 $i_0(t)$ は条件 $=0$ となる ω の周波数を持つ信号の振幅が最大で、その周波数から離れるに従って振幅の小さい信号に変わっていくことがわかります。

　では、位相はどうでしょうか。条件が $=0$ となる前後で cos 波形 $i_0(t)$ の符号が変わります。振幅に -1 が掛けられることになります。-1 が掛けられるということは、位相が 180 度変化するということです。このことから、角周波数 ω の値を変えていくと、条件 $=0$ の ω を境に $i_0(t)$ の位相が一気に 180 度変わることがわかります。

　この条件には角周波数 ω が使われていますが、これを周波数 f に書き換えてみましょう。

$\omega = 2\pi f$ から条件は、　$\dfrac{1}{LC} - \omega^2 = \dfrac{1}{LC} - 4\pi^2 f^2$　条件 $= 0$ のときは、

(2-67)

$$f = \dfrac{1}{2\pi\sqrt{LC}}$$

そう、これが、このバンドパスフィルター回路の共振周波数です。

2.6 ラプラス変換を使わない解法

(a) 2階線形微分方程式

ここまで微分方程式を解くために必死にラプラス変換の手法を学んできたわけですが、ここで一つ告白しなければならないことがあります。電気回路の微分方程式を解くのにラプラス変換は必須ではないのです。

この章の最初の、2.1 節 "LCR の電圧、電流特性" の説明を思い出してください。電圧を例にとるならインダクタンスは電圧の1階積分、キャパシタンスは電圧の1階微分で表されました。ゆえに LCR を全て使っている回路であっても、その微分方程式は2階線形微分方程式にとどまることが予想されます。この2階線形微分方程式ですが、特性方程式とその判別式を使った解法そして特殊解を使って、その答えの形がわかっています。

この本では微分方程式の解法について深くは立ち入りませんが、2階線形微分方程式の解法については説明しておこうと思います。

前節で、バンドパス フィルター回路の微分方程式を立てました。

$$f(t) = LCR\, x''(t) + L\, x'(t) + R\, x(t)$$
$$f(t)\ \text{は入力電圧}\ v_i(t)\text{、}\ x(t)\ \text{は求める出力電流}\ i_o(t) \tag{2-68}$$

ここで、電圧の入力がない $v_i(t) = 0$ の場合（回路の残存電圧や電流だけで動作が決まる場合と考えることができます）、

2階の同次線形微分方程式
$$LCR\, x''(t) + L\, x'(t) + R\, x(t) = 0 \tag{2-69}$$

と書けます。この式のように、$x(t)$ とその微分 $x'(t)$、$x''(t)$ の項だけからなり、ほかの t で表される項がない（例えば $f(t) = A\cos\omega t$ と言った項がない）微分方程式を2階の同次線形微分方程式と言い、その解は、$x(t) = M\phi_1(t) + N\phi_2(t)$ の形に表せることがわかっています。ここで M と N は定数であり、$\phi_1(t)$ と $\phi_2(t)$ は単独でも同次線形微分方程式の解となる t の関数です。

では、同次線形微分方程式ではない $f(t) \neq 0$ の、式 (2-68) の解はというと、式 (2-68) の解の一つとしてたまたま見つけた特殊解が $\phi(t)$ であったとすれば、$x(t) = M\phi_1(t) + N\phi_2(t) + \phi(t)$ と書き表せるのです。

これらのことから、同次微分方程式を解くことと、特殊解（particular solution）を見つけることがポイントとなることがわかります。

先に特殊解を考えます。特殊解を見つけ出すのは難しいと思われるかもしれませんが、微分方程式によっては簡単に見つけることができます。

私たちは電気回路に入力する信号は、フーリエ級数を使って cos、sin などに分解できることを知っています。2.4 節 "畳み込み積分" では cos、sin 信号を代表して入力電圧を $Ve^{j\omega t}$ としました。ここでも同

じく $f(t) = Ve^{j\omega t}$ とすれば、元の微分方程式 式 (2-68) は、

$$Ve^{j\omega t} = LCR\,x''(t) + L\,x'(t) + R\,x(t) \tag{2-70}$$

と書けます。ここで W を定数として式 (2-70) の解の一つとなる特殊解を $We^{j\omega t}$ と仮定すればどうなるでしょうか？

特殊解の候補 $We^{j\omega t}$ を式 (2-70) の $x(t)$ に代入して

$$Ve^{j\omega t} = -LCR\omega^2\,We^{j\omega t} + jL\omega\,We^{j\omega t} + R\,We^{j\omega t}$$
$$= W(-LCR\omega^2 + R + jL\omega)\,e^{j\omega t} \tag{2-71}$$

両辺を比較して、係数どうしが等しい

$$V = W(-LCR\omega^2 + R + jL\omega)$$

と、なるように W を選べば、$We^{j\omega t}$ は、微分方程式の解の一つ（特殊解）

この条件から W を探せば、$We^{j\omega t}$ の形をした関数は私たちが解きたい微分方程式、式 (2-68) の特殊解であると言えます。

　これで、電気回路の2階線形微分方程式の解に一歩近づきました。この特殊解を $f(t) = 0$ と置いた同次微分方程式を解いた解に足せばよいわけです。では、同次微分方程式を考えましょう。式 (2-69) です。やり方は特殊解の条件を導いたときと似ています。

　S_1（大文字を使っています）を定数として、式 (2-69) の解の一つが $e^{S_1 t}$ であるとしましょう（この式には j は必要ない）。先に説明した同次線形微分方程式の解 $\phi_1(t)$ に相当します。これを式 (2-69) に代入すれば、

同次線形微分方程式(2-69)に、解の一つを $e^{S_1 t}$ として代入

$$LCRS_1{}^2 e^{S_1 t} + L\,S_1 e^{S_1 t} + R\,e^{S_1 t} = \left(LCRS_1{}^2 + L\,S_1 + R\right)e^{S_1 t} = 0$$

この式から、 $\tag{2-72}$

$$LCRS_1{}^2 + L\,S_1 + R = 0$$

が、 $e^{S_1 t}$ が同次線形微分方程式の解である条件として導かれます。

　この条件から解を決定するために S_1 を求めるわけです。条件の式はの二次方程式となっているので、判別式の符号によって S_1 の中身の形が変わってきます。

　ここまではバンドパス フィルター回路の2階の線形微分方程式を例にしてきましたが、定数 a, b, c を使い、一般の場合として2階の線形微分方程式を書き出してみます。最終的な解は $e^{S_1 t}$ ともう一つの解の線形結合となります。先に説明した $x(t) = M\phi_1(t) + N\phi_2(t)$ の形です。もう一つの解を $e^{S_2 t}$ とすると、

---

2 階の同次線形微分方程式

$$a\,x''(t) + b\,x'(t) + c\,x(t) = 0 \qquad a, b, c \text{ は実数} \tag{2-73}$$

の解は、$x(t) = \mathrm{M}\,e^{S_1 t} + \mathrm{N}\,e^{S_2 t}$ と表される

ここで当然 $e^{S_1 t}$ として説明してきた式 (2-72) などは $e^{S_2 t}$ についても成り立ちます。

ただし、2 階の同次線形微分方程式が上式 (2-73) のような解を持つには、式 (2-72) のバンドパスフィルター回路の例で求めたような条件が必要です。式 (2-72) と同様に、$e^{S_1 t}$ を式 (2-73) の微分方程式に代入すると、条件として、下記が導かれます。

特性方程式

$$aS^2 + bS + c = 0 \qquad a, b, c \text{ は実数} \tag{2-74}$$

判別式：$D = b^2 - 4ac$

ここで、$e^{S_1 t}$ についての条件は $e^{S_2 t}$ についても成り立つので、S_1 と S_2 をまとめて S としています。

この 2 次方程式は、特性方程式と呼ばれます。

特性方程式は S の 2 次方程式なので、S は

$$S = \frac{-b \pm \sqrt{D}}{2a} \tag{2-75}$$

となります。D が正か負か、または 0 かによって S が変わってくるわけですが、例えば $D > 0$ なら、実数 γ を使って、

$D > 0$ なら、

$$S = \frac{-b}{2a} \pm \gamma \qquad\qquad \gamma = \frac{\sqrt{D}}{2a} \quad \text{：実数} \tag{2-76}$$

$$S_1 = \frac{-b}{2a} + \gamma \text{ 、} \quad S_2 = \frac{-b}{2a} - \gamma$$

と書けます。S の値が二つ現れました。これで、仮で置いた S_1 と S_2 の正体がはっきりしました。

この結果から、同次線形微分方程式の解は下記のように書き表すことができます。

$$
\begin{aligned}
x(t) &= \mathrm{M}\,e^{S_1 t} + \mathrm{N}\,e^{S_2 t} = \mathrm{M}\,e^{-\frac{b}{2a}t}e^{\gamma t} + \mathrm{N}\,e^{-\frac{b}{2a}t}e^{-\gamma t} \\
&= e^{-\frac{b}{2a}t}\underbrace{(\mathrm{M}e^{\gamma t} + \mathrm{N}e^{-\gamma t})}_{\text{ハイパボリックで表せる}}
\end{aligned}
$$

$$
\begin{aligned}
e^{\gamma t} &= \cosh \gamma t + \sinh \gamma t \\
e^{-\gamma t} &= \cosh \gamma t - \sinh \gamma t
\end{aligned} \tag{2-77}
$$

$$
\begin{aligned}
&= e^{-\frac{b}{2a}t}\{(\mathrm{M} + \mathrm{N})\cosh \gamma t + (\mathrm{M} - \mathrm{N})\sinh \gamma t\} \\
&= e^{-\frac{b}{2a}t}(A_1 \cosh \gamma t + B_1 \sinh \gamma t) \qquad\qquad \text{：} A_1 = \mathrm{M} + \mathrm{N}, \ B_1 = \mathrm{M} - \mathrm{N}
\end{aligned}
$$

同次線形微分方程式の解が出ました。これに特殊解を足せば、求めたい解となるわけです。バンドパスフィルター回路の場合は特殊解を $We^{j\omega t}$ と仮定して式 (2-70) に代入し、$We^{j\omega t}$ が特殊解となる条件を求めました。回路を限定せず一般化して書き直した 2 階線形微分方程式

---

2 階の線形微分方程式（同次ではない）

$$Ve^{j\omega t} = a\,x''(t) + b\,x'(t) + c\,x(t) \qquad a,b,c \text{ は実数}$$

(2-78)

入力は、この章のいままでの解説と同様に $Ve^{j\omega t}$ に固定し、後々、いろいろな回路を解きます。

の解も同様に $We^{j\omega t}$ を代入して W を求め、特殊解を決めることができますが、W を具体的に求めるのは最後にします。式 (2-78) の解は、式 (2-77) の解に特殊解を足せばよいので

$D > 0$ なら、

$$x(t) = e^{-\frac{b}{2a}t}(A_1 \cosh \gamma t + B_1 \sinh \gamma t) + We^{j\omega t}$$

(2-79)

が、$D > 0$ のときの答えです。$D < 0$ の場合は、$\sqrt{D}$ から j を分離して $\sqrt{\ }$ の中を正にして計算すればよいです。この一連の流れをまとめると、

$$Ve^{j\omega t} = a\,x''(t) + b\,x'(t) + c\,x(t) \qquad a,b,c \text{ は実数}$$

特性方程式

$$aS^2 + bS + c = 0 \qquad \text{判別式：} D = b^2 - 4ac$$

①$D > 0$ の場合、

$$x(t) = e^{-\frac{b}{2a}t}(A_1 \cosh \gamma t + B_1 \sinh \gamma t) + We^{j\omega t}$$

ここで γ は、特性方程式の解の後半、

$$S = \frac{-b \pm \sqrt{D}}{2a} = -\frac{b}{2a} \pm \sqrt{\left(\frac{b}{2a}\right)^2 - \frac{c}{a}} = -\frac{b}{2a} \pm \gamma \qquad \text{と置いた } \gamma$$

②$D < 0$ の場合、

(2-80)

$$x(t) = e^{-\frac{b}{2a}t}(A_2 \cos \delta t + B_2 \sin \delta t) + We^{j\omega t}$$

ここで δ は、特性方程式の解の後半、

$$S = \frac{-b \pm \sqrt{D}}{2a} = -\frac{b}{2a} \pm \sqrt{-\left\{\frac{c}{a} - \left(\frac{b}{2a}\right)^2\right\}} = -\frac{b}{2a} \pm j\sqrt{\frac{c}{a} - \left(\frac{b}{2a}\right)^2}$$

$$= -\frac{b}{2a} \pm j\delta \qquad \text{と置いた } \delta$$

②$D = 0$ の場合、

$$x(t) = e^{-\frac{b}{2a}t}(A_3\,t + B_3) + W_0 e^{j\omega t}$$

となります。定数 $A_{1\sim3}$、$B_{1\sim3}$、を求める場合は、実際の回路の初期条件から決定します。

　2 階線形微分方程式を解く過程で、特性方程式とその判別式から三つの条件が現れたわけですが、ラプラス変換でバンドパスフィルターを解いた場合を思い出してください。そのときにも三つの条件分けをしています。式 (2-51) で行ったことを簡単におさらいすると、バンドパスフィルターを微分方程式にして、ラプラス変換を行うと、

$$F(s) = \{LCRs^2 + Ls + R\}X(s) - sLCRx(t=0) - LCRx'(t=0) - L\,x(t=0) \tag{2-81}$$

に整理され、求める $X(s)$ は

$$X(s) = \frac{1}{\{LCRs^2 + Ls + R\}}\{F(s) + sLCRx(t=0) + LCRx'(t=0) + L\,x(t=0)\} \tag{2-82}$$

と、代数的に計算されました。これをラプラス逆変換するために変形した分母

$$\frac{1}{\left\{\left(s + \frac{1}{2CR}\right)^2 - \left(\frac{1}{2CR}\right)^2 + \frac{1}{LC}\right\}} \tag{2-83}$$

によって、cosh、sinh にラプラス逆変換するか、cos、sin にラプラス逆変換するか、t にラプラス逆変換するかが決まりました。式 (2-83) へ変形する直前の式、(2-82) の分母 =0 と置けば、

$$LCRs^2 + Ls + R = 0 \tag{2-84}$$

となりますが、これは、これから求めるバンドパスフィルターの特性方程式と同じ形をしていますし、式 (2-83) の分母の網掛けした部分は判別式にマイナスを掛けたものに一致しています。

　最後に特殊解を求めてしまいましょう。特殊解 $We^{j\omega t}$ と、$D=0$ の場合の特殊解 $W_0 e^{j\omega t}$ は、式 (2-80) の一番上の 2 階線形微分方程式の解であるので、代入して整理すると下記となります。

$$W = V\frac{(c - a\omega^2) - jb\omega}{(c - a\omega^2)^2 + b^2\omega^2} \qquad 特殊解 = V\frac{(c - a\omega^2) - jb\omega}{(c - a\omega^2)^2 + b^2\omega^2}e^{j\omega t}$$

$$D = 0 \text{ の場合、} \quad b^2 = 4ac \text{ なので、}$$

$$W_0 = V\frac{(c - a\omega^2) - jb\omega}{(c + a\omega^2)^2} \qquad 特殊解 = V\frac{(c - a\omega^2) - jb\omega}{(c + a\omega^2)^2}e^{j\omega t} \tag{2-85}$$

(b) 2 階線形微分方程式の解法例（バンドパス フィルター回路）

　それでは、特性方程式と特殊解を使った方法で、バンドパス フィルターの 2 階線形微分方程式を解いてみましょう。

　バンドパスフィルターに、入力電圧 $Ve^{j\omega t}$ を入力したときの微分方程式 (2-70) を再度示すと、

$$Ve^{j\omega t} = LCR\,x''(t) + L\,x'(t) + R\,x(t) \tag{2-70}$$

でした。この微分方程式の特性方程式と判別式は、

$$LCRS^2 + LS + R = 0 \,、\qquad D = L^2 - 4LCR^2 \tag{2-86}$$

です。

先に特殊解を求めましょう。式 (2-80) と式 (2-70) を比較すれば、$a = LCR$、$b = L$、$c = R$ なので、

$$特殊解 = V\frac{(c - a\omega^2) - jb\omega}{(c - a\omega^2)^2 + b^2\omega^2}e^{j\omega t} = V\frac{(R - LCR\omega^2) - jL\omega}{(R - LCR\omega^2)^2 + L^2\omega^2}e^{j\omega t}$$

$D = 0$ の場合、

$$\tag{2-87}$$

$$特殊解 = V\frac{(c - a\omega^2) - jb\omega}{(c + a\omega^2)^2}e^{j\omega t} = V\frac{(R - LCR\omega^2) - jL\omega}{(R + LCR\omega^2)^2}e^{j\omega t}$$

となります。

それでは (2-80) を参照しつつ、$D>0$ の場合を解きます。

$L^2 - 4LCR^2 > 0$ のとき、

$$x(t) = e^{-\frac{b}{2a}t}(A_1\cosh\gamma t + B_1\sinh\gamma t) + We^{j\omega t} \tag{2-88}$$

$$= e^{-\frac{b}{2a}t}(A_1\cosh\gamma t + B_1\sinh\gamma t) + V\frac{(R - LCR\omega^2) - jL\omega}{(R - LCR\omega^2)^2 + L^2\omega^2}e^{j\omega t}$$

ここで、

$$\gamma = \sqrt{\left(\frac{b}{2a}\right)^2 - \frac{c}{a}} = \sqrt{\left(\frac{1}{2CR}\right)^2 - \frac{1}{LC}}$$

解の係数 A_1、B_1 を求めるには、初期条件 $x(0)$、$x'(0)$ を使います。バンドパスフィルターの $i_0(0)$、$i_0{}'(0)$ です。ここでは初期には残存電流はないとして、、$x(0) = 0$、$x'(0) = 0$ とします。$\cosh\gamma t$ と $\sinh\gamma t$ の微分が必要になりますが、その公式は下記です。

$$(\cosh\gamma t)' = \gamma\sinh\gamma t \qquad また、\sinh 0 = 0$$
$$\tag{2-89}$$
$$(\sinh\gamma t)' = \gamma\cosh\gamma t \qquad また、\cosh 0 = 1$$

初期条件から

$$x(0) = A_1 + V\frac{(R - LCR\omega^2) - jL\omega}{(R - LCR\omega^2)^2 + L^2\omega^2} = 0$$

$$x'(0) = -\frac{1}{2CR}A_1 + \gamma B_1 + j\omega V\frac{(R - LCR\omega^2) - jL\omega}{(R - LCR\omega^2)^2 + L^2\omega^2}$$

$$= -\frac{1}{2CR}A_1 + \gamma B_1 + V\frac{L\omega^2 + j\omega(R - LCR\omega^2)}{(R - LCR\omega^2)^2 + L^2\omega^2} = 0 \tag{2-90}$$

$$A_1 = V\frac{-(R - LCR\omega^2) - jL\omega}{(R - LCR\omega^2)^2 + L^2\omega^2}$$

$$B_1 = \frac{V}{2\gamma CR} \cdot \frac{-(R + LCR\omega^2) + j\omega(L - 2CR^2 - 2LC^2R^2\omega^2)}{(R - LCR\omega^2)^2 + L^2\omega^2}$$

と、A_1、B_1 も求まりますが、ここでも e^{-at} で時間とともに急激に減少する項は無視するとすれば、式 (2-88) の A_1、B_1 を敢えて求める必要はなく、結局、特殊解のみ考えればよいことになります。$x(t)$ を $i_o(t)$ に戻して、

$$i_o(t) = V\frac{(R - LCR\omega^2) - jL\omega}{(R - LCR\omega^2)^2 + L^2\omega^2}e^{j\omega t}$$

前提条件は、入力電圧：$Ve^{j\omega t}$、　　$i_o(0) = 0$、$i_o'(0) = 0$、

　　　　　　　$e^{-\alpha t}$ で時間とともに急激に減衰する項は無視している

(2-91)

さらに、$D > 0$ と $D < 0$ のどちらも特殊解は同じであり、かつ、$D = 0$ とすれば式 (2-87) の下の式に変形できます。つまり上式 (2-91) の解は $D = 0$ の場合も含んでいます。したがって、式 (2-91) が私たちが求める答えとなります。

さて、$v_i(t) = V\cos\omega t$ を入力したときの、出力電流をラプラス変換で解いた答えは式 (2-65) で導いた、

バンドパスフィルターの出力電流

$\frac{1}{LC} - \omega^2 > 0$ の場合　　$i_o(t) = \frac{1}{LCR} \cdot \frac{V\cos(\omega t - \theta)}{\sqrt{\left(\frac{1}{LC} - \omega^2\right)^2 + \left(\frac{\omega}{CR}\right)^2}}$

$\frac{1}{LC} - \omega^2 < 0$ の場合　　$i_o(t) = \frac{1}{LCR} \cdot \frac{-V\cos(\omega t - \theta)}{\sqrt{\left(\frac{1}{LC} - \omega^2\right)^2 + \left(\frac{\omega}{CR}\right)^2}}$

$\theta = \tan^{-1}\left(\frac{\frac{\omega}{CR}}{\frac{1}{LC} - \omega^2}\right)$　(2-92)

前提条件は、　　　入力電圧：$V\cos\omega t$、　　$i_o(0) = 0$、$i_o'(0) = 0$、

　　　　　　　$e^{-\alpha t}$ で時間とともに急激に減衰する項は無視している

でした。式 (2-91) と式 (2-92) はかけ離れているようにも見えますが、どのような解き方であろうと同じ答えになるハズです。式 (2-91) を変形していきます。まずは各項から LCR を外に出します。

$$i_o(t) = V\frac{(R - LCR\omega^2) - jL\omega}{(R - LCR\omega^2)^2 + L^2\omega^2}e^{j\omega t}$$

$$= V\frac{LCR\left(\frac{1}{LC} - \omega^2\right) - jLCR\frac{\omega}{CR}}{L^2C^2R^2\left(\frac{1}{LC} - \omega^2\right)^2 + L^2C^2R^2\left(\frac{\omega}{CR}\right)^2}e^{j\omega t} = \frac{V}{LCR} \cdot \frac{\left(\frac{1}{LC} - \omega^2\right) - j\frac{\omega}{CR}}{\left(\frac{1}{LC} - \omega^2\right)^2 + \left(\frac{\omega}{CR}\right)^2}e^{j\omega t}$$

(2-93)

これに、オイラーの公式を適応して、

$$i_o(t) = \frac{V}{LCR} \cdot \frac{\frac{\omega}{CR}\sin\omega t + \left(\frac{1}{LC} - \omega^2\right)\cos\omega t + \boldsymbol{j}\left\{\left(\frac{1}{LC} - \omega^2\right)\sin\omega t - \frac{\omega}{CR}\cos\omega t\right\}}{\left(\frac{1}{LC} - \omega^2\right)^2 + \left(\frac{\omega}{CR}\right)^2} \tag{2-94}$$

さらに、実部と虚部それぞれの sin と cos を合成すれば

$$\text{実部}: \frac{V}{LCR} \cdot \sqrt{\frac{\left(\frac{1}{LC} - \omega^2\right)^2 + \left(\frac{\omega}{CR}\right)^2}{\left\{\left(\frac{1}{LC} - \omega^2\right)^2 + \left(\frac{\omega}{CR}\right)^2\right\}^2}}\sin(\omega t + \theta_1) \qquad \theta_1 = \tan^{-1}\left(\frac{\frac{1}{LC} - \omega^2}{\frac{\omega}{CR}}\right)$$

$$\tag{2-95}$$

$$\text{虚部}: \frac{V}{LCR} \cdot \sqrt{\frac{\left(\frac{1}{LC} - \omega^2\right)^2 + \left(\frac{\omega}{CR}\right)^2}{\left\{\left(\frac{1}{LC} - \omega^2\right)^2 + \left(\frac{\omega}{CR}\right)^2\right\}^2}}\sin(\omega t + \theta_2) \qquad \theta_2 = \tan^{-1}\left(\frac{\frac{\omega}{CR}}{\frac{1}{LC} - \omega^2}\right)$$

　後は、2.4 節 "畳み込み積分" の公式 (2-40) を使ったときと同じ手順で θ をまとめれば、ラプラス変換で解いた式 (2-92) と一致します。

2.7　積分回路の出力波形

　ここまでこの章では、電気回路の微分方程式をラプラス変換や畳み込み積分、特性方程式などを使って解いてきました。もちろん、解き方を習得することも目的の一つですが、実はもっと具体的な目的があります。それは、第 1 章でフーリエ級数を使って作った矩形波に、キャパシタンスや抵抗の影響による波形の "なまり" を加えることです。

　波形がなまる原因（または、なまらせるために手を加えた回路）は、キャパシタンス（コンデンサ）と抵抗を組み合わせた積分回路で表せることを、この本を読んでいただいている皆さんの多くは御存知のことと思います。それを Excel を使って波形にしたいわけですが、そのために、ここまでに学んだことを思い出してみましょう。第一に、矩形波がフーリエ級数を使って、基本周波数と高調波周波数からなる cos 信号に分解できることを学びました。加えて、cos 信号の電圧が積分回路に入力された場合に出力される電圧は、ラプラス変換を使ってその式を導出済です。何をすればよいのか？　皆さんおわかりのことと思います。

　この章で解いた、積分回路と、その出力電圧の式を再度示します。2.4 節 "畳み込み積分" の冒頭部からの抜粋です。

2. ラプラス変換

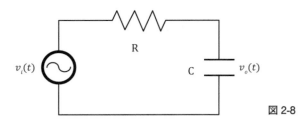

図 2-8

$v_i(t) = V \cos \omega t$ に対応する実部

$$v_0(t) = \frac{-1}{1 + \omega^2 R^2 C^2} V\, e^{-\frac{t}{RC}} + \frac{1}{\sqrt{1 + \omega^2 R^2 C^2}} V \sin\left(\omega t + \tan^{-1}\left(\frac{1}{\omega RC}\right)\right) \qquad v_0(0) = 0$$

$v_i(t) = V \sin \omega t$ に対応する虚部

$$v_0(t) = \frac{\omega RC}{1 + \omega^2 R^2 C^2} V\, e^{-\frac{t}{RC}} + \frac{1}{\sqrt{1 + \omega^2 R^2 C^2}} V \sin(\omega t - \tan^{-1}(\omega RC)) \qquad v_0(0) = 0$$

　上の実部の式は、$v_i(t) = V \cos \omega t$ を積分回路に入力した場合の応答（出力）の式を表しています。皆さんお気づきのとおり、この cos 信号の入力を、矩形波を構成する個々の周波数の信号と考えて、それぞれ積分回路の応答を計算した後に足し合わせれば、積分回路を通した矩形波の応答を再現できると言うわけです。

　これから作成する Excel の波形でも、急激に減少する $e^{-\frac{1}{RC}t}$ の項は無視することにします。ですので、使用する $v_o(t)$ の式は、

$$v_o(t) = \frac{1}{\sqrt{1 + \omega^2 R^2 C^2}} V \sin\left(\omega t + \tan^{-1}\left(\frac{1}{\omega RC}\right)\right) \qquad v_o(t = 0) = 0 \qquad (2\text{-}96)$$

です。

　これから矩形波を構成する各周波数の cos 信号に式 (2-96) を適用させるわけですが、ただ、この式 (2-96) は、$v_i(t) = V\cos \omega t$ を積分回路に入力した結果が sin 波形として表されています。これに対し、これから変形を加える第 1 章で導いた矩形波は cos 波形の集合でした。式 (2-96) を cos の形に変える必要があります（のこぎり波なら sin 波の足し合わせでした）。そこで、畳み込み積分で説明した、

$$\tan^{-1} A + \tan^{-1}\left(\frac{1}{A}\right) = \begin{cases} \dfrac{\pi}{2} & (A > 0 \text{ の場合}) \\[2em] -\dfrac{\pi}{2} & (A < 0 \text{ の場合}) \end{cases} \qquad (2\text{-}40)$$

の公式を使って sin を cos に変えます。

$A = \dfrac{1}{\omega RC}$ として、$\theta_a = \tan^{-1} A$、$\quad \theta = \tan^{-1}\left(\dfrac{1}{A}\right)$ と書けば、$\theta_a + \theta = \begin{cases} \dfrac{\pi}{2} \ (A > 0 \text{ の場合}) \\[2mm] -\dfrac{\pi}{2} \ (A < 0 \text{ の場合}) \end{cases}$

$$\text{(2-97)}$$

$A > 0$ なので、

$$\sin(\omega t + \theta_a) \ = \sin\left(\omega t + \frac{\pi}{2} - \theta\right) = \sin\left\{\frac{\pi}{2} - (-\omega t + \theta)\right\} = \cos(-\omega t + \theta) = \cos(\omega t - \theta)$$

これを使って、

$$v_o(t) = \frac{1}{\sqrt{1 + \omega^2 R^2 C^2}} V \cos(\omega t - \tan^{-1}(\omega RC)) \qquad v_o(t = 0) = 0 \qquad \text{(2-98)}$$

と、cos に書き換えることができました。

この式の導出ですが、もちろん積分回路の微分方程式をラプラス逆変換した後に、$V\,e^{j\omega t} * e^{-at}$ の形の畳み込み積分の結果の式 (2-47) を使って、いきなり式 (2-98) を導いてもかまいません。

ここからはいよいよ、式 (2-98) を使って、積分回路に矩形波を入力したときの出力波形をグラフ化します。なお、本書で作成するサンプルファイルは技報堂出版（株）のホームページよりダウンロードできます（扉裏参照）。

•••••••••••••••••••••••••••••••••••••• Excel ••••••••••••••••••••••••••••••••••••••

< 表 > sheet " 矩形波 "

sheet " 矩形波 " に手を加えて、出力側に付いた抵抗とキャパシタンスによって変形させられる出力電圧の波形を再現します。それでは始めましょう。

図 2-9

<Excel の作成 > 図 2-9

C と R によるなまりの情報は、11 行から入力するようにしました。12 行にキャパシタンス C、13 行に抵抗 R の値を入れます。

　　セル A11 " なまり "

　　セル A12 "C="、セル B12 → ここに C の値を入れるのでオレンジ色にしました。セル C12 "[nF]" → 補
　　　　助単位は nF で入力することにします。

　　セル A13 "R="、セル B13 → ここに R の値を入れるのでオレンジ色にしました。セル C13 "[mΩ]" →

121

補助単位は mΩ で入力することにします。

セル A14 "CR(時定数)" → 14 行で時定数を計算します。濃い青（基本色 25%）としました。

セル A15 "ωCR" → 15 行目で式 (2-98) の $\tan^{-1}$ の引数を計算します。このセルで計算するのは、基本角周波数 ω での値のみです。

まだ、具体的な式など入れていないので、**図 2-9** の状態かと思います。続いて式を入れます。

セル B12 "10" → 仮のキャパシタンス値

セル B13 "10" → 仮の抵抗値

セル B14 "=$B$12*0.000000001*$B$13*0.001" → C[F] × R[Ω]

セル B15 "=2*PI()*$B$5*$B$14" → ω × CR (B14)

10			
11	なまり		
12		C=	10 [nF]
13		R=	10 [mΩ]
14	CR(時定数)	1.000E-10	
15	ωCR	6.283E-03	

図 2-10

次に $\tan^{-1}(\omega RC)$ を計算させます。これは高調波の角周波数に対応して変わるので、表に列を加え各周波数ごとに計算することになります。スペクトルの隣 J 列に追加しましょう。セル I3 とセル I4 にあった時間の単位はセル J3 とセル J4 に移動しました。セル J4 に J 列の説明 "$\tan^{-1}$" も追記しています。ここで使う $\tan^{-1}$ は、0 章の公式で説明したように ATAN2() ではなく、ATAN() を使わせていただきます。

	E	F	G	H	I	J	K	
	電圧							
			f			時間 [ns]	0	
			[MHz]		スペクトル	tan-1 / [s]	0	
DC		0	0	0	0.5		0.5	
基本波		1	10	##	6.366E-01		6.366E-01	6.35
高調波		2	20	##	3.900E-17		3.900E-17	3.88
		3	30	##	#########		#########	####
		4	40	##	#########		#########	####
		5	50	##	1.273E-01		1.273E-01	1.21
		6	60	##	3.900E-17		3.900E-17	3.62

図 2-11

セル J5 "=ATAN(F5*$B$15)" この J5 のセルをセル J55 までコピペする。

図 2-12

	f [MHz]			スペクトル	tan-1 / [s]	時間 [ns]　0 0
DC	0	0	0	0.5	0	0.5
基本波	1	10	##	6.366E-01	6.283E-03	6.366E-01
高調波	2	20	##	3.900E-17	1.257E-02	3.900E-17
	3	30	##	#########	1.885E-02	######### #
	4	40	##	#########	2.513E-02	######### #
	5	50	##	1.273E-01	3.141E-02	1.273E-01
	6	60	##	3.900E-17	3.768E-02	3.900E-17

　これで積分回路による位相変化を K 列からの計算領域に反映できるわけです。次に、式 (2-98) の振幅についても準備しましょう。I 列のスペクトルの式に修正を加えます。各スペクトルを $\sqrt{1+\omega^2 R^2 C^2}$ で割っていきます。DC に関しては 1 で割ることになるので何もしません。基本波の場合は、スペクトル値 /SQRT(1+($F6*$B$15)^2) となります。

　　セル I6 "=2*$B$2*$B$8*(SIN($F6*PI()*$B$8)/($F6*PI()*$B$8))/SQRT(1+($F6*$B$15)^2)"

　　この I6 のセルをセル I55 までコピペする。

図 2-13

	f [MHz]			スペクトル	tan-1 / [s]	時間 [ns]　0 0
DC	0	0	0	0.5	0	0.5
基本波	1	10	##	6.366E-01	6.283E-03	6.366E-01
高調波	2	20	##	3.899E-17	1.257E-02	3.899E-17
	3	30	##	#########	1.885E-02	######### #
	4	40	##	#########	2.513E-02	######### #
	5	50	##	1.273E-01	3.141E-02	1.273E-01
	6	60	##	3.897E-17	3.768E-02	3.897E-17

　最後に波形の計算領域の変更です。K 列からの計算式を式 (2-98) の形に修正しましょう。振幅については I 列のスペクトルを介してすでに修正されているので、後は位相変化の計算結果である J 列の値を各計算セルの cos 波形の角度部分から引けばよいわけです。基本波の行をまずは変えます。

　　セル K6 "=$I6*COS($H6*(K$4+$B$36)-$J6+$F6*$B$37)" → -$J6 を、波形をシフトするために導入した +$F6*$B$37 の前に入れました。

　　この K6 のセルをセル HC6 までコピペする。

　　さらにでき上がった第 6 行を 55 行までコピペする。

　これで表は完成しました。

　時間波形と、スペクトルのグラフにも表を修正した結果が現れるハズです。C と R の値を変えてグラフを確認する前に、時間波形のグラフに C の値と R の値、そして時定数を表示させたいと思います。C と R の単位は表のままで、時定数は [ns] に変換しようと思います。

11	なまり		
12	C=	10	[nF]
13	R=	10	[mΩ]
14	CR(時定数)	1.000E-10	
15	ωCR	6.283E-03	
16	時定数	0.1	[ns]
17			

図 2-14

セル A16 "時定数"

セル B16 "=$B$14*1000000000" → 入力後に、セルの書式設定で小数点以下の数値の桁数を 1 にしました。

セル C16 "[ns]"

次は、時定数などを時間波形のグラフの凡例に追加します。

< グラフ > sheet "T_矩形波"

Cを追加しましょう。

→「グラフのデザイン」→「データ」→「データの選択」→「凡例項目」の「追加」を押す。系列名で変数を選択し、系列名 sheet 矩形波の、"B12" を選択。Xの値、Yの値は無視して「OK」を押す。

凡例にCの値が表示されたと思います。

つづいて、凡例内のグラフ用の線を消します。

→「書式」→系列 "10" →「選択対象の書式設定」→「線」→ 線なし、マーカーもなしにする。

手書きで、

  C [nF]

を追加する。

同様に、Rと時定数も追加しましょう。

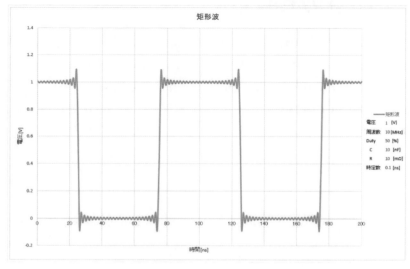

図 2-15

上図のようになったでしょうか？

・・

　現在の C=10[nF]、R=10[mΩ] では時間波形にあまり変化は見られませんが、数値を変えて時間波形とスペクトルがどう変わるかを見てみましょう。

　R は 10[mΩ] のままとし、C を、10[nF] → 100[nF] → 1000[nF] → 10000[nF] と変えてみました。現実の測定で検出されるような見慣れた波形が確認できるかと思います。

C=10[nF]

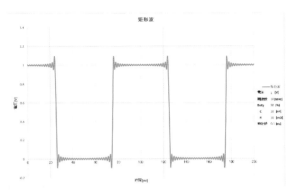 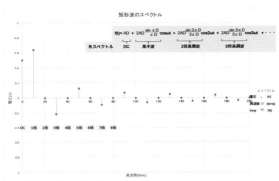

C=100[nF]

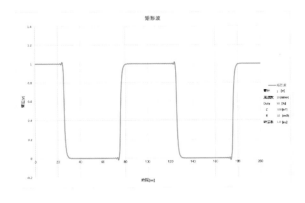 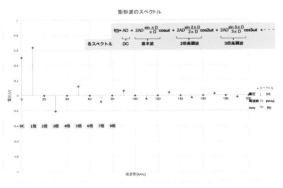

2. ラプラス変換

$C=1000[\text{nF}]$

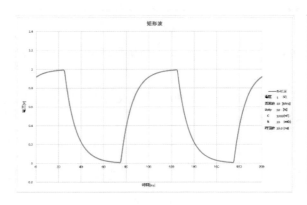
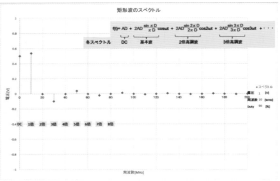

$C=10000[\text{nF}]$ Duty50%

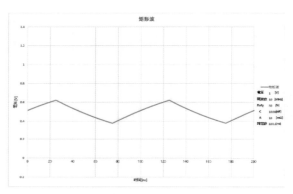
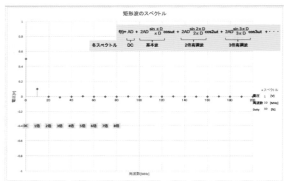

$C=10000[\text{nF}]$ Duty20%

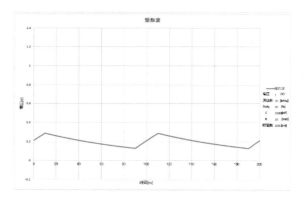
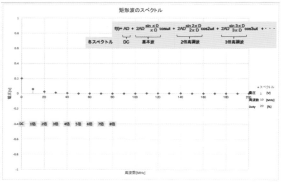

　現在の 10[MHz] の周波数では、C が 10000[nF] に増えると、電圧が 0[V]～1[V] までフルスイングできなくなることがわかります。スペクトルはどうでしょうか？　C が増えるにともない、特に周波数が高い側のスペクトルが急激に減少していることがわかります。参考に C が 10000[nF] で Duty を 20[%] にした波形も載せてみました。全体が 0[V] に近づいています。逆にいうと積分回路から電圧信号を出力することがさらに困難になっているということです。スペクトルは全体がさらに小さくなっている一方、偶数倍のスペクトルがわずかに値を持ちはじめていることが確認できます。

　CR による波形のなまりまでも盛り込んだ矩形波のグラフが完成しました。波形のなまりを議論するとき、時定数の値を見て負荷容量や抵抗が大きいとか小さいとか議論することがあるかと思います。今後皆さんは、Excel を立ち上げるだけで数字だけではなく、波形の状態を確認して議論できるツールを獲得したわけです。

　教科書では過渡応答として説明される時定数の式についても触れておきたいと思います。教科書などで説明される時定数は、R と C の直列接続へ $t = 0$ に、ある一定電圧（DC）を印加し、出力が基準電圧値まで立ち上がる時間。または $t = 0$ に、それまで印加されていた、ある一定電圧を切り離し、出力が基準電圧値まで立ち下がる時間。として説明されます。$v_i(t) = V \cos \omega t$ を入力としていた**図 2-4** の回路を書き換えると、

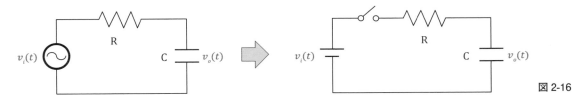

図 2-16

　この右の回路で考えます。この本では微分方程式を解く間、畳み込み積分の直前までは入力信号を記号のままにしていますから、入力が一定電圧に変った右の回路についても、途中まで同じ式を使うことができます。左の回路で、畳み込み積分を行う直前の式は、式 (2-14) でした。

$$v_o(t) = \frac{1}{RC} v_i(t) * e^{-\frac{t}{RC}} + v_o(0) \cdot e^{-\frac{t}{RC}} \qquad (2\text{-}14)$$

　まずは立ち上がりについて、**図 2-16** の右の回路でスイッチを接続します。当然ながら、スイッチを接続する以前は回路に残存電荷はなく、R と C のつなぎ目の初期電圧は $v_o(0) = 0$[V] の前提です。$t = 0$ で回路に印加する電圧を $v_i(t) = V$ [V] とすれば、式 (2-14) は

$$v_o(t) = \frac{1}{RC} V * e^{-\frac{t}{RC}} \qquad\qquad v_o(0) = 0 \qquad (2\text{-}99)$$

となります。ここで畳み込み積分を行います。

2. ラプラス変換

$$V * e^{-\frac{t}{RC}} \qquad \swarrow V\int_0^t e^{-\frac{\tau}{RC}}\, d\tau \text{ で計算しても同じ結果です（畳み込み積分の交換法則）。}$$

$$= V\int_0^t e^{-\frac{1}{RC}(t-\tau)}\, d\tau \quad = Ve^{-\frac{t}{RC}}\int_0^t e^{\frac{\tau}{RC}}\, d\tau \quad = VRC\, e^{-\frac{t}{RC}}\left[e^{\frac{\tau}{RC}} \right]_0^t \tag{2-100}$$

$$= VRCe^{-\frac{t}{RC}}\left(e^{\frac{t}{RC}} - 1 \right) \quad = VRC\left(1 - e^{-\frac{t}{RC}} \right)$$

この結果を式 (2-99) に戻して、

$$v_o(t) = V\left(1 - e^{-\frac{t}{CR}} \right) \qquad v_o(0) = 0 \quad \text{C と R の順番を入れ替えさせてもらいました。} \tag{2-101}$$

　過渡応答で説明される信号の立ち上がりの式になりました。時定数 $CR[s]$ はどのような時間かというと、式 (2-101) の時間を $t = CR[s]$ とすると、$v_o(t)$ は印加した電圧 V の $(1 - 1/e)$ 倍と計算されます。数字に直すと V の約 0.632 倍 (約 63%) の電圧になるまでの時間ということになります。

　過渡応答の立下りは、**図 2-16** の右の回路でスイッチが閉じられ、$v_o(t)$ が入力電圧 $V[V]$ まで十分に上昇した状態（C が $V[V]$ に充電されてしまえば、C と R には電流は流れないため、R の両端に電位差は発生しません。R の両端の電圧はともに $V[V]$ です。）から、$t = 0\,[s]$ でスイッチを開放して $v_o(t)$ の時間変化をみることに相当します。開放された瞬間から、外部から電圧を強制していた $v_i(t)$ がなくなることになりますので、式 (2-14) の第一項は不要になります。$t = 0\,[s]$ の初期電圧は、$v_o(0) = V[V]$ と考えますから、

$$v_o(t) = V\, e^{-\frac{t}{CR}} \tag{2-102}$$

が、立下りの式です。

　ここで時定数 $CR[s]$ はどのような時間かと言うと、式 (2-102) の時間を $t = CR[s]$ とすると、初期電圧 V の（$1/e$）倍、約 0.368 倍（約 37%）の電圧にまで減衰する時間ということになります。

128

3. 応用例 AM 変調

最後の章では、これまでに導いた式や作った Excel を使って、信号の掛け算や変調について考えたいと思います。

AM 変調（Amplitude Modulation）を使ったラジオ放送では、音声情報のような人間の五感レベルの周波数を持つ電気信号を、空中を遠くまで伝搬させるのに都合のよい数百 kHz 付近の電磁波（Carrier）に乗せて届けています。放送の世界で古くから使われ役立ってきた手法です。しかし一方で、この AM 変調と言う現象は複雑なノイズ周波数を発生する困ったものとしてエンジニアの前に立ちはだかることもあります。この章は両方の視点から読んでいただきたいと思います。

3.1 AM 変調　グラフの準備

教科書では、冒頭の 2 種類の信号を変調波と被変調波などと呼びますが、混乱しやすいので、音声信号のように送りたい情報を持った低い周波数のほうの信号を情報（情報信号、情報波、電圧は v_i）と呼び、空間へ飛びやすい高いほうの周波数の信号をキャリア Carrier（キャリア信号、キャリア波、電圧は v_c）と呼ぶことにします。

扱う信号の周波数ですが、情報波とキャリア波を同じグラフ上に描く場合、周波数の差が大きいと両方の波を同時にきれいに再現することができません。Excel のプロット数を増やすか、周波数の差を小さくする必要がありますが、ここでは後者を選び、

情報信号 $f_i = 20 [\text{kHz}]$

キャリア信号 $f_c = 200 [\text{kHz}]$

とさせていただきます。

なお、本書で作成するサンプルファイルは技報堂出版（株）のホームページよりダウンロードできます（扉裏参照）。

・・・・・・・・・・・・・・・・・・・・・・・・・ Excel ・・・・・・・・・・・・・・・・・・・・・・・・・・・

< 表 > sheet "AM"

Excel の準備をしましょう。前章で作成した矩形波の Excel（なまりを追加した）は残しておいて、この章では Excel ごとコピーしたものを使っていきます。矩形波を扱うのはもう少し後ですが、先にコピーした矩形波 Excel の周波数と時間軸を kHz 付近に変更しておきましょう。単位を 3 桁下げます。

[MHz] → [kHz]

[ns] → [µs]

セル B4 は 200 を入力します。また、この章では、なまりや位相は使わないので、全て 0 にしておきま

3. 応用例 AM 変調

す。シートの名前も "AM" に変えました。

 セル C4 "MHz" → "kHz"、セル B5 "=$B$4*1e6" → "=$B$4*1e3"、セル G4 "MHz" → "kHz"

 セル L3 "=K3+1" → "=K3+0.5" とし、この L3 のセルをセル M3〜HC3 へコピペ

 セル J3 " 時間 [ns]" → " 時間 [μs]"、セル K4 "=K3*1e-9" → "=K3*1e-6" とし、この K4 のセルをセル L4 〜HC4 へコピペ

< グラフ > sheet "T_AM"

 縦軸： − 0.5〜2

 横軸：0〜100

 グラフ横軸ラベル " 時間 [ns]" → " 時間 [μs]"、凡例 "MHz" → "kHz"

< グラフ > sheet "S_AM"

 縦軸： − 0.5〜2

 横軸：0〜2000

 グラフ横軸ラベル " 周波数 [MHz]" → " 周波数 [kHz]"、凡例 "MHz" → "kHz"

< 表 > sheet "AM"

 高調波の倍数を示すラベルの位置も変えます。セル B59 "-0.5" → "0.1"

これで、kHz 領域の矩形波 Excel の三つの sheet ができ上がりました。

まずは、次節で波の掛け算を体感していただきたいと思います。そのための Excel を準備します。

新しい sheet を立ち上げて、表 AM の時間の行をコピペしましょう。表 AM のセル J3、J4 から右側全てを、新しい sheet " 掛け算 " のセル C1、C2 以降に貼り付けます。

その下 3 行目にキャリアの波の式を、4 行目に情報の波の式を入力します。B 列には周波数を kHz で、C 列には振幅を入れましょう。セル C2 は C 列と 2 行目の説明 " 振幅 [V] / [s]" に書き換えました。セル D3、D4 に入れる式は、

 セル D3 "=$C3*COS(2*PI()*$B3*1000*D$2)" 200kHz、1V の cos 波

 セル D4 "=$C4*COS(2*PI()*$B4*1000*D$2)" 20kHz、1V の cos 波

です。これらをそれぞれの右側、すでに時間の数値が入っている GV 列までコピペしてください。

次は表の計算結果をグラフにします。横軸は 100[μs] まで、縦軸は ± 1.5[V] が自動で選択されています。両方の波形はグレーの破線にしました。凡例は上に配置してみました。次ページの絵のようになったでしょうか？ 5 行目と 6 行目は後で説明します。

130

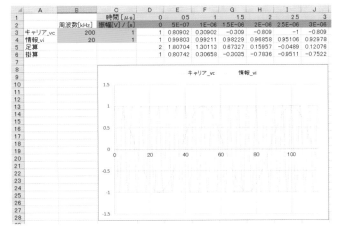

	周波数[kHz]	振幅[V]	時間[μs] 0 /[s] 0	0.5 / 5E-07	1 / 1E-06	1.5 / 1.5E-06	2 / 2E-06	2.5 / 2.5E-06	3 / 3E-06
キャリア_vc	200	1	1	0.80902	0.30902	-0.309	-0.809	-1	-0.809
情報_vi	20	1	1	0.99803	0.99211	0.98229	0.96858	0.95106	0.92978
足算			2	1.80704	1.30113	0.67327	0.15957	-0.0489	0.12076
掛算			1	0.80742	0.30658	-0.3035	-0.7836	-0.9511	-0.7522

図3-1

3.2 異なる波の掛け算

　AM変調のキャリアと情報信号のように異なる周波数の波を掛け合わせると、どのような時間波形になり、スペクトルはどのように見えるでしょうか？

　使用するのは先ほど準備した、振幅1V、周波数200kHz（角周波数 $\omega_c = 2\pi f_c$）のキャリア波と、振幅1V、周波数20kHz（角周波数 $\omega_i = 2\pi f_i$）の情報波です。比較のために、まず足し合わせを見てみましょう。

　ここは単純に、5行目で3行と4行を足して、グラフにするだけです。

　セルD5 "=D\$3+D\$4" を入力し、右側の列へコピペしてください。

　グラフの線の色はグレーの実線としました。

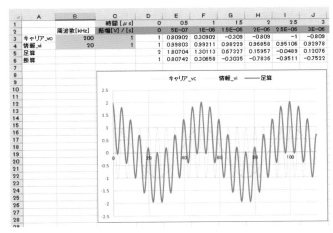

	周波数[kHz]	振幅[V]	時間[μs] 0 /[s] 0	0.5 / 5E-07	1 / 1E-06	1.5 / 1.5E-06	2 / 2E-06	2.5 / 2.5E-06	3 / 3E-06
キャリア_vc	200	1	1	0.80902	0.30902	-0.309	-0.809	-1	-0.809
情報_wi	20	1	1	0.99803	0.99211	0.98229	0.96858	0.95106	0.92978
足算			2	1.80704	1.30113	0.67327	0.15957	-0.0489	0.12076
掛算			1	0.80742	0.30658	-0.3035	-0.7836	-0.9511	-0.7522

図3-2

　次はこの節の主題である掛け算です。足し算のグラフをコピーして、掛け算の結果に置き換えます。表の計算は、

　セルD6 "=D\$3*D\$4" を入力し、右側の列へコピペしてください。

　グラフの線の色は一番濃いオレンジとしました。

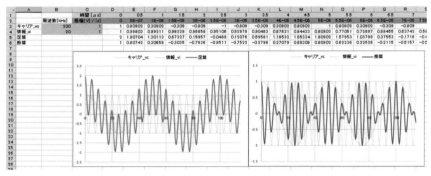

図 3-3

　ω_c の波と、ω_i の波を足し合わせた時間波形は左のグラフで、これに対し、掛け合わせの時間波形は右のグラフです。両者違いの一つとしてまず気づくのは、足し算した波形の振幅の中心が時間とともに変化しているのに対し、掛け算した波形では振幅の中心がゼロ（時間軸）のままであることです。これは足し算の場合、振幅がゼロになるのは両方の信号の符号が逆で丁度同じ振幅になった場合か、もしくは両方の振幅が同時にゼロになった場合に限られるのに対し、掛け算の場合、片方の信号だけがゼロでも、結果はゼロになるからです。掛け算の方では、元の二つの信号がそれぞれゼロを通過するタイミングが掛けた結果でも維持されます。結局、掛け合わせた時間波形はゼロ（時間軸）基準の波形として見えることになります。この足し算と掛け算の波形の違いを記憶しておくと、測定で予想外の波形が現れたときにその原因を探るヒントになるかもしれません。

　さて、ここから説明するのは、掛け算だけに起き、足し算では起きない、"マイナスを掛ける" ことにより現れる特徴です。まずは掛け算の結果を、元の周波数が遅い情報波のタイミングに沿って見ていきましょう。掛け算した波形は、元の情報波形をトレースした形以外に、この形を時間軸を基準に 180 度回転したような形も見てとれます（元の薄いグレーの破線と比較してください）。情報波形が＋の部分を考えましょう。情報波に対し、キャリア波形の方は情報波形よりも短い周期で＋と－を繰り返しているため、情報波形が＋の期間内にキャリアは＋と－が存在します。情報波が＋、キャリア波＋なら、掛け算した結果の波形は＋の強度となりますが、キャリアが－の部分では掛け算前の情報波の符号＋とは逆に－の強度になります。このため、情報波が＋であっても掛け算した結果の波形はキャリア波の周期で＋と－の強度を繰り返すことになり、時間軸を基準に回転したような形が見えるのです。

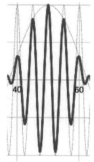

図 3-4

　情報波が－の場合も同じです。情報波が－の強度であるにも係わらず、キャリア波が－の部分では掛け

算した結果の波形は＋の強度となっています。

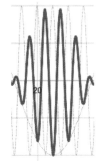

図 3-5

　後でもふれますが、情報信号が－の期間で掛け算前のキャリア信号と 180 度異なる振幅の波形が得られることは、教科書でおなじみの変調波の形になる（波のピークが情報をトレースしている）理由でもあります。

　次は周波数が速いキャリアのタイミングに沿って確認します。周波数が遅い情報波に沿って見た場合と同じ説明なのですが、位相に着目した場合の特徴がより明確に確認できます。情報波の符号が変わるタイミングを拡大した図を見てください。

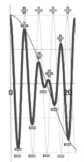

図 3-6

　情報波の符号が＋から－に変ると、掛け算した結果の波形は位相が 180 度変えられています。信号のピークを見ていくとわかりやすいかと思います。情報波の符号が＋のときは、キャリア信号と、掛け算した結果の波形の符号は一致していますが、情報信号の符号が＋から－に変るタイミングで、掛け算した結果の波形は不自然に変化し、その後はキャリア信号のピークと、掛け算した結果の波形のピークの符号は逆になっています。

　掛け算では、掛け算する信号の片方を掛ける信号、もう一方を掛けられる信号と考えると、掛ける信号（この例では情報波）の符号が負の場合、掛けられる側（この例ではキャリア波）の位相が 180 度変えられてしまうのです。公式の章のガウス座標を思い出してください。－1 を掛けることは、180 度位相が進むことを意味しました。－1 の掛け算による 180 度の位相の変化が、波どうしの掛け算についても成り立っているわけです。

　さて、皆さんはオイラーの公式の θ に π を入れた、$-1 = e^{j\pi}$ が、数学の数式の中でも特に不思議で美しいものの一つと言われているのをご存知でしょうか。この数学の重要アイテム満載の $-1 = e^{j\pi}$ にも、－1 を掛けることと位相を π 進めることが同じ意味を持つことがよく表されています。この式、日常生活

とは関係ないと考えてこられた方も多いと思いますが、変調に関わるエンジニアは日々この美しい式に接しているのです。変調に関わる人々はほかのエンジニアに比べ半周（180度）先を行っている、と言いたいところですが、これまでの説明は−1で割る。つまり180度戻ることでも成り立つので言い切ることはやめておきます。

　次はスペクトルについて考えましょう。まず足し合わせを見てみます。当然ですが、$\cos\omega_c t$ と $\cos\omega_i t$ の信号を足し合わせても、そのスペクトルはグラフ化するまでもなく 単純に ω_c と ω_i（f_c と f_i）にピークが立つだけです。ちなみにこの足し合わせの信号を送信したとしても、元の情報信号は再現できません。この項で作成した足し算の波形を見てください。キャリア信号の周波数で変動しているので送信と受信は可能です。さらに足し合わせた結果の波形の基準が変化しているので一見すると情報を持っているように見えますが、受信する側は基準の変化を知る術がありません。空中を伝搬できるキャリア周波数で飛んでくる信号は、振幅が一定で変化しない単なる cos 波形です。

　では、いよいよ掛け合わせです。$\cos\omega_c t \times \cos\omega_i t$ のスペクトルはどうなるでしょうか？　もちろんこれまでやってきたようにこの式をフーリエ変換すれば、スペクトルが得られます。しかしフーリエ変換を行わなくとも、われわれは高校の数学で三角関数の積和の公式を知っています（覚えているかは別として）。実は、これを使えばスペクトルがわかります。

$$\cos\alpha\,\cos\beta = \frac{1}{2}\{\cos(\alpha+\beta)+\cos(\alpha-\beta)\} \quad より、$$

$$\cos\omega_c t\,\cos\omega_i t = \frac{1}{2}\{\cos(\omega_c+\omega_i)t+\cos(\omega_c-\omega_i)t\}$$

(3-1)

式に沿ってスペクトルもグラフにしてみましょう。

＜表＞sheet " 掛け算 "
　7 行目を角周波数どうしが足される第一項、8 行目を角周波数どうしの差となる第二項とします。
　B 列の周波数は、
　　セル B7 "=$B$3+$B$4"
　　セル B8 "=$B$3-$B$4"
　C 列の振幅は、
　　セル C7 "=($C$3*$C$4)/2"
　　セル C8 "=($C$3*$C$4)/2"
　公式が波形としても成り立っていることを確認するため、グラフの準備をします。まず、キャリア信号波の式 D3 をセル D7、D8 にコピーすれば、
　　セル D7 "=$C7*COS(2*PI()*$B7*1000*D$2)"
　　セル D8 "=$C8*COS(2*PI()*$B8*1000*D$2)"
　となります。これらを右側のほかの列へもコピペします。これで式 (3-1) の右辺の第一項と第二項が計

算できます。

　ここからスペクトルのグラフを作ります。B 列周波数と C 列振幅だけのグラフです。

　式（3-1）の右辺に現れる、第一項 "+" の周波数セル B7 と、第二項 " − " の周波数セル B8 を横軸 " 周波数 [kHz]" に、セル C7、C8 の振幅 " 電圧スペクトル [V]" を縦軸とする散布図を挿入します。

　スペクトルらしく見せるための Y 誤差範囲を追加し、いつもの設定、負方向、キャップなし、100% の設定を行います。

　参考に、キャリアと情報も追加しましょう。これは参考（掛け算後は存在しない）なので、Y 誤差範囲をグレーの破線としました。

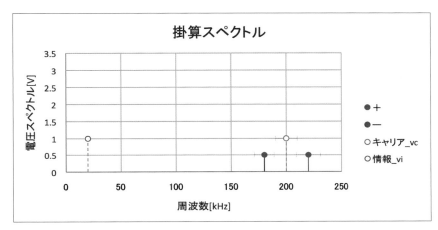

図 3-7

　知っている公式を使っただけですが、結果に意外な印象を持たれるのではないでしょうか。元の二つの信号の周波数を足し合わせた周波数と、元の二つの周波数の差分に相当する周波数にピークが立っています。

　これが変調の原理であり、信号どうしの掛け算が発生すれば好むと好まざるにかかわらず変調が行われ、入力したハズの二つの信号とは周波数が異なる別の二つの信号が現れるのです。

※　AM ラジオ放送をイメージしてこの章では、ω_c を高い角周波数、ω_i を低い角周波数としていますが、一般には ω_c と ω_i の大小は気にしなくてもよいです。もし $\omega_c < \omega_i$ なら、差の周波数は負となりますが $\cos(-\theta) = \cos\theta$ なので、$\cos(\omega_c - \omega_i)t = \cos\{-(\omega_i - \omega_c)\}\,t = \cos(\omega_i - \omega_c)t$ となり、引かれる角周波数と引く角周波数は自由に入れ替えて考えることができます。

　最後に公式 (3-1) を波形の演算として確認しましょう。公式 (3-1) の左辺はすでに**図 3-3** の右のグラフとして作成済です。公式の右辺をグラフとして再現してみます。

< 表 > sheet " 掛け算 "
　9 行目を " 掛け算 _ 積和 " とし、9 行目で 7 行目 " + " と、8 行目 " − " を足す。
　セル D9 "=D$7+D$8" とし、セル D9 をセル GV9 までコピペします。
　図 3-3 の右のグラフに、" 掛け算 _ 積和 " のグラフを追加します。

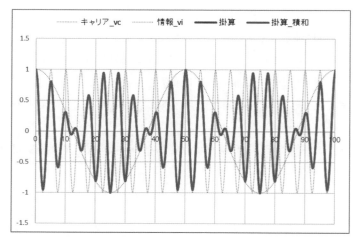

図 3-8

公式 (3-1) の左辺を示す茶色の線と、右辺を示す紫の線がぴったり重なりました。

3.3 通信を考慮した AM 変調の式

　AM 変調の説明はすでに終わりました。ただ、一般の教科書にかかれている AM 変調の基本式と呼ばれるものには、送りたい情報信号とキャリア信号の掛け算に、さらにキャリア信号が足されています。

$$v_{am} = V_i \cos \omega_c t \, \cos \omega_i t + A \cos \omega_c t \tag{3-2}$$

ここで V_i は情報信号の振幅です。式 (3-2) を、教科書で見る形に書き換えます。上式を

$$v_{am} = \{A + V_i \cos \omega_i t\} \cos \omega_c t$$

と変形して、$A = V_{c1}$（足し合わせるキャリア信号の振幅）と書き換えると、よく見る形、

$$v_{am} = \{V_{c1} + V_i \cos \omega_i t\} \cos \omega_c t \tag{3-3}$$

となります。変調度を $m = V_i/V_{c1}$ 使った表現だと、

$$v_{am} = V_{c1}\{1 + m \cos \omega_i t\} \cos \omega_c t \tag{3-4}$$

です。ここで振幅 A を、元のキャリアの振幅 V_c ではなく V_{c1} と添え字を変えた記号を使ったのは、A が情報信号と掛け算されるキャリア信号の振幅と必ず一致するわけではないことを強調するためです。A は変調に寄与しているわけではなく、式（3-2）のように単に足し合わせるキャリア信号の振幅と考えるべきです。以下、V_{c1} は元の記号 A を使います。

　式（3-2）に戻って、この式のイメージを絵にすると下図のようになります。

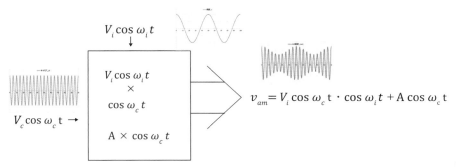

図 3-9

　A の役割は後で確認します。まずは、この式のグラフを作ってみましょう。スペクトルのグラフも作りたいのですが、cos の掛け算があるとそのままグラフ化するのは難しいので、通信を考慮した AM 変調の基本式 (3-2) に積和の公式を当てはめます。

$$v_{am} = \frac{V_i}{2}\cos(\omega_c + \omega_i)t + \frac{V_i}{2}\cos(\omega_c - \omega_i)t + A\cos\omega_c t \tag{3-5}$$

• Excel •

＜表＞sheet " 掛け算 "

　まず、7 行と 8 行を 10 行と 11 行にコピペします。周波数のセルは変える必要はありませんが、注意すべきは振幅です。キャリア波の振幅は式 (3-2) にも、積和の公式適応後の式 (3-5) にも使われていません。掛け算で使われるのはキャリアの波形の変化だけで、その振幅は 1 とします。

　　セル C10 "=$C$4/2"

　　セル C11 "=$C$4/2"

12 行目で 10 行目と 11 行目を足します。名称は " 掛け算 _ 積和 " としました。式 (3-5) の

$$\frac{V_i}{2}\cos(\omega_c + \omega_i)t + \frac{V_i}{2}\cos(\omega_c - \omega_i)t$$

が計算されたことになります。

　13 行目は式 (3-5) の $A\cos\omega_c t$ 部分です。まず 3 行目をコピペして、名称は "A ×キャリア " にします。周波数はセル B3 を参照し、セル C13 には A の値を入れます。ここでは 3 としましょう。

　　セル B13 "=$B$3"

　　セル C13 "3"

セル C12 が開いているので、セル C13 の説明を入れました "A ↓ "

14 行目は計算結果、"AM 変調 _v_{am}" です。

　　セル D14 "=D$12+D$13" を入力し、右側の列セル E14〜GV14 へコピペしてください。

　次はグラフです。すでに作った掛け算のグラフをコピペし、掛け算の代わりに "AM 変調 _v_{am}" のデータを選択すれば完成です。

3. 応用例 AM変調

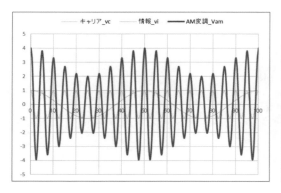

	A	B	C	D	E	F	
1			時間[μs]	0	0.5	1	
2		周波数[kHz]	振幅[V]/[s]	0	5E-07	1E-06	1
3	キャリア_vc	200	1	1	0.80902	0.30902	
4	情報_vi	20	1	1	0.99803	0.99211	0
5	足算			2	1.80704	1.30113	0
6	掛算			1	0.80742	0.30658	−
7	+	220	0.5	0.5	0.38526	0.09369	−
8	−	180	0.5	0.5	0.42216	0.21289	−
9	掛算_積和			1	0.80742	0.30658	−
10	+	220	0.5	0.5	0.38526	0.09369	−
11	−	180	0.5	0.5	0.42216	0.21289	−
12	掛算_積和		A↓	1	0.80742	0.30658	−
13	A×キャリア	200	3	3	2.42705	0.92705	−
14	AM変調_Vam			4	3.23447	1.23363	−

図 3-10

・・・

　最後にスペクトルを作りましょう。すでにある、掛け算スペクトル**図3-7**をコピペして、参考に表示させた"情報 $_{v_i}$"以外のデータを入れ替えます。**図3-7**に使った7行目のデータは10行目に、8行目のデータは11行目を参照するように変えてください。"キャリア $_{v_c}$"のデータは、"A×キャリア"のデータ（縦軸スペクトルの値は $A = 3V$）に入れ替えますが、今回は、"A×キャリア"すなわち $A \cos \omega_c t$ は参考に表示させるスペクトルではなく、実際に存在するスペクトルなので、誤差範囲の線を、破線から実線に変えます。

　これで完成しました。式 (3-5) のとおり、$\omega_c + \omega_i$、$\omega_c - \omega_i$ に加えて ω_c のスペクトルも表せました。

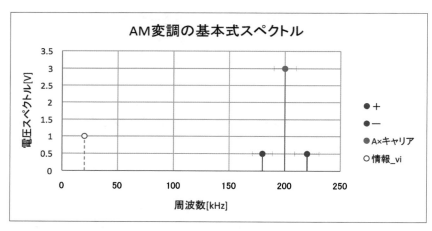

図 3-11

　どうでしょう？　時間波形**図3-10**を見てください。掛け算の結果にキャリア信号を足すと教科書などでよく見る変調信号の形になりました。sheet "掛け算" は下図の状態かと思います。

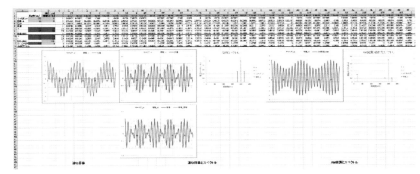

図 3-12

　ここで、A の値をすこし変化させてみましょう。図 3-10 の AM 変調 $\_v_{am}$ のグラフを、変数であるオレンジのセルの近くに移動しました。A が 0 の場合、式 (3-2) または式 (3-5) から、掛け算だけの波形になります。

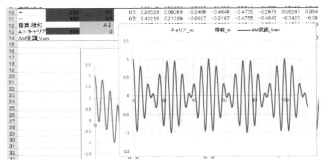

図 3-13

　掛け算の波形と元のキャリア波（破線）の位相を比べると、情報波の符号によって、掛け算の波形と元のキャリア波の位相が一致している部分と、位相が 180 度違う部分とがあります。

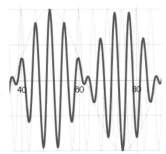

図 3-14

位相一致　　位相差 180 度

　A を 0.2 に、そして 0.4 にと増やしていくと、掛け算の波形とキャリア波の位相が一致している部分では正負ともに AM 変調波の振幅が大きくなっていくのに対し、掛け算の波形とキャリア波の位相が 180 度異なる部分では振幅を打ち消しあって小さくなっていくことがわかります。キャリア波の周波数で見れば、掛け算の波形も、足し合わせるキャリア波の波形も同じ周波数の波ですので、位相が一致している部分では強め合い、位相が 180 度異なる部分では打ち消し合うので当然の結果と言えます。

3. 応用例 AM 変調

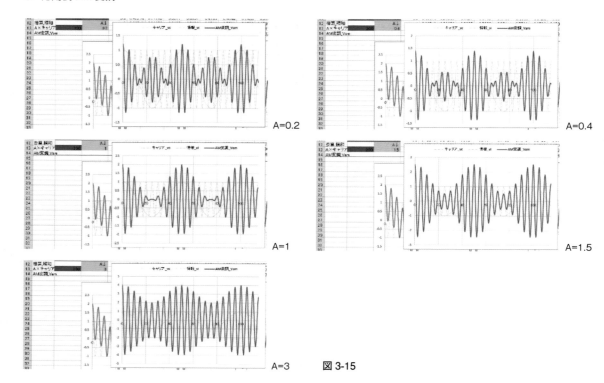

A=0.2

A=0.4

A=1

A=1.5

A=3 図 3-15

　位相が 180 度異なる部分では A が 1 になると振幅ゼロになりますが、その後は AM 変調波の振幅の符号がキャリア波と一致するようになります。$A \cos \omega_c t$ が優勢になるわけです（ただ、$A \cos \omega_c t$ が優勢になり過ぎるとただのキャリア波形になってしまいます）。こうして、情報波をそのままトレースしたキャリアのピークは上へシフト、情報波の位相を 180° 変えた波形をトレースしたキャリアのピークは下へシフトしていきます。その結果、情報波と、それを時間軸を基準に反転させた波形を重ねて、上下に引き伸ばしたような独特の信号波形が完成します。

　この 3.3 節では教科書でよくみる変調の波形を再現するため、AM 変調の基本式（変調前のキャリアが足されている）を使いましたが、通信の方式によっては必ずしも変調前のキャリア信号を足して送る必要はありません。ただ、AM 変調後の信号（情報信号とキャリア信号の掛け算）を受信する立場で考えると、変調前のキャリア信号が届いていれば、届いたキャリア信号を同じく届いた AM 変調後の信号に再度掛けることで復調（情報信号とキャリア信号を分離する）することができます（皆さん考えてみてください）。送信する側にとっては、キャリア信号は初めからあるものなので、これを足す（一緒に送る）だけでよいわけです。AM 変調の通信は信号の掛け算と足し算をうまく使った面白い例であると言えます。

3.4 回路の具体例

(a) 矩形波の変調

ここからは変調回路をどう実現するかについても考えてみたいと思います。最終的に回路から作りたいAM変調信号の波形は、前節の**図3-10**のグラフのような波形です。繰り返しになりますが、キャリア信号の正負のピークが情報信号をトレースする独特の形をしています。ただ、作るのは簡単ではなさそうです。

ここで急ですが、波形の掛け算（変調）については理解できたので、キャリアの代わりに演習として慣れ親しんで来た矩形波を使いAM変調の信号を作ってみましょう。矩形波の準備はできています。"AM"のシートです。この矩形波と情報信号で、どのようなAM変調波形ができるでしょうか？

まずは、矩形波がどんな信号であったか思い出しましょう。第一章フーリエ級数の式(1.37)の式を、式(3-6)として再度記載しました。矩形波は異なるスペクトル値を持つDCと基本波、そして基本波の高調波の和（波の足し算）でした。

$$矩形波：f(t)$$
$$= AD + 2AD\frac{\sin(\pi D)}{\pi D}\cos\omega t + 2AD\frac{\sin(2\pi D)}{2\pi D}\cos 2\omega t + 2AD\frac{\sin(3\pi D)}{3\pi D}\cos 3\omega t + 2AD\frac{\sin(4\pi D)}{4\pi D}\cos 4\omega t + \cdots$$
$$A：矩形波の電圧 [V]、\quad D：矩形波の Duty 比、\quad \omega：矩形波の基本（角）周波数$$
$$(3-6)$$

式の電圧$A=1$とすれば、各スペクトル（各cos波の振幅）はDuty比と高調波の次数で決まります。この矩形波を$f_1(t)$と置き、各スペクトルを1文字S_n（nは0と自然数）で表すと、

$$f_1(t) = S_0 + S_1\cos\omega t + S_2\cos 2\omega t + S_3\cos 3\omega t + S_4\cos 4\omega t + \cdots \qquad 矩形波の電圧 A=1[V] \qquad (3-7)$$

の形をしています。この足し合わされている各cos波形が変調されると考えます。各cos波形は、AM変調の基本式、

$$v_{am} = V_i\cos\omega_c t\ \cos\omega_i t + A\cos\omega_c t \qquad (3-2)$$

の、$\cos\omega_c t$になるわけです。上式の$\cos\omega_c t$に$f_1(t)$を代入しますが、$f_1(t)$は電圧が1[V]の矩形波でした。これに情報波$V_i\cos\omega_i t$を掛ければ、上式(3-2)の第一項です。第二項の方は、$f_1(t)$の電圧　を変えて足し合わせますので、下の式は改めて電圧Aを掛けています。第二項は元の矩形波$f(t)$と考えればよいです。

$$v_{am} = V_i\,f_1(t)\times\cos\omega_i t + A\,f_1(t)$$
$$= V_i\big(S_0 + S_1\cos\omega t + S_2\cos 2\omega t + S_3\cos 3\omega t + \cdots\big)\times\cos\omega_i t \qquad (3-8)$$
$$+A\big(S_0 + S_1\cos\omega t + S_2\cos 2\omega t + S_3\cos 3\omega t + \cdots\big)$$

ここから、キャリアの周波数としてきた200kHzを、矩形波の基本周波数とし、この式(3-8)をグラフ化しますが、掛け算（変調）するは、電圧が1[V]の$f_1(t)$でなければなりません。そこでExcelの表に少し細工をします。使うのは、この章の初めで準備したsheet "AM"です。

•••••••••••••••••••••••••••••••••• **Excel** ••••••••••••••••••••••••••••••••••

< 表 > sheet "AM"

空いているセル B3 を " 電圧 _ 矩形波 " とし、表の計算式が参照しているセル B2 には =$B$3/$B$3 を入れて、常に 1 となるようにしましょう。

セル B2 "=$B$3/$B$3"

セル B3 "1" 仮に 1 としていますが、この数値を変えても計算領域は影響を受けません。

確認のために B3 に 1 以外の数値を入れてみてください。矩形波の波形やスペクトルが変化しないことを確認できると思います。式（3-8）には V_c はなく、V_c で変化することはありません。

次は、60 行目以降を使って情報波を作りましょう。ここでは 20kHz の単純な cos 波を仮定しています。セル A1 からセル C6 をドラッグし、セル A60 に貼り付けます。

セル A60 " 情報波 _vi"

セル B61 "1" 情報波の振幅

セル B63 "20" 情報波の周波数

セル B64 "=$B$63*1000"

セル B65 "=1/$B$64"

セル K61 "=$B$61*COS(2*PI()*$B$64*K$4)" を入力し、セル L61 からセル HC61 までコピペしてください。

これで情報波はできました。

最後に 67 行目で AM 変調を計算します。AM 変調の式を入れましょう。セル B67 に A の値を入れます。ここでは、$A=3$ としました。AM 変調の式は、$v_{am} = V_i \cos \omega_c t \cos \omega_i t + A \cos \omega_c t$ ですので、

セル K67 "=K$61*K$56+$B$67*K$56" を入力し、セル L67 からセル HC67 までコピペしてください。

60 行目以降は下図のようになったかと思います。

図 3-16

それでは、この表から時間波形のグラフを作りましょう。

< グラフ > sheet "T_AM"

sheet "T_AM" の矩形波をグレーの点線に変えます。凡例も " 波形 " → " キャリア " に変えましょう。

" 振幅 " → "A" とし、参照先も A の値にします。また、" 周波数 " → "f_c 周波数 " と変更しました。

次に " 情報波 _v_i" も加えましょう。こちらもグレーの点線にしました。" 情報波 _v_i" の表示については、凡例の順番とグラフの重ね合わせの順番を、データの選択を使って " キャリア " の次にしました。

　そして、AM 変調波を加えます。グラフの色は濃いオレンジとし、データの選択を使って " 情報波 $\_v_i$ " の次にしました。タイトルも "AM 変調波 (矩形波から)" に変えました。

　次の絵の波形になったでしょうか？

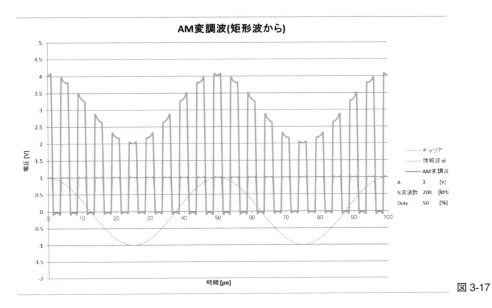

図 3-17

　矩形波の立ち上がり立下りの鋭さが気になる場合は、キャパシタンスと抵抗でなまりを加えればよいです。セル B12、B13 にそれぞれ 200 を入力すれば、下の絵のように変わります。

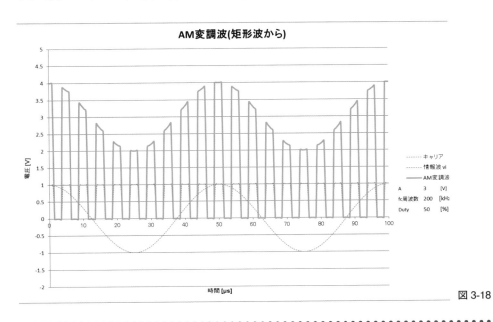

図 3-18

3. 応用例 AM 変調

時間波形は $v_{am} = V_i f_1(t) \times \cos\omega_i t + A f_1(t)$ を sheet "AM" で計算して簡単に作れました。スペクトルはどうでしょうか？　sheet "AM" の I 列にあるのは、電圧 1[V] の矩形波をキャリア波形と考えた $f_1(t)$ のスペクトルです。これを A 倍すれば AM 変調の基本式の第二項のスペクトルだけはわかります。しかし、第一項のような掛け算の形では、掛け算の結果がどんな周波数になるのか、どんなスペクトルになるのかはすぐには読み取れません。スペクトルを知るには、第一項をフーリエ級数に展開するか、積和の公式をうまく使うか、どちらかが必要です。

情報波 $V_i \cos\omega_i t$ に対して、キャリア波が一つの周波数しか持たない波 $\cos\omega_c t$ であれば、AM 変調の基本式

$$v_{am} = V_i \cos\omega_c t \, \cos\omega_i t + A \cos\omega_c t \tag{3-2}$$

に積和の公式を適応して、

$$v_{am} = \frac{V_i}{2}\cos(\omega_c + \omega_i)t + \frac{V_i}{2}\cos(\omega_c - \omega_i)t + A\cos\omega_c t \tag{3-5}$$

でした。掛け算の結果、$\omega_c + \omega_i$ と、$\omega_c - \omega_i$ という二つの周波数が生成されました。

今度はキャリアに矩形波 $f_1(t)$ を選ぶと、式 (3-8) をさらに変形すれば、

$$
\begin{aligned}
v_{am} &= V_i f_1(t) \times \cos\omega_i t + A f_1(t) \\[6pt]
&= V_i\big(S_0 + S_1\cos\omega t + S_2\cos 2\omega t + S_3\cos 3\omega t + \cdots\big) \times \cos\omega_i t \\
&\quad + A\big(S_0 + S_1\cos\omega t + S_2\cos 2\omega t + S_3\cos 3\omega t + \cdots\big) \qquad \text{: (a) 式} \\[6pt]
&= V_i\big(S_0\cos\omega_i t + S_1\cos\omega t\cos\omega_i t + S_2\cos 2\omega t\cos\omega_i t + S_3\cos 3\omega t\cos\omega_i t + \cdots\big) \\
&\quad + A\big(S_0 + S_1\cos\omega t + S_2\cos 2\omega t + S_3\cos 3\omega t + \cdots\big) \qquad \text{: (b) 式}
\end{aligned}
\tag{3-9}
$$

となります。(a) 式と (b) 式は、前半の掛け算の表現が違うだけです。sheet "AM" を思い返すと、56 行目と 61 行目を掛けて変調波を作りました。これは (a) 式のように、各時間について矩形波 $f_1(t)$ と $\cos\omega_i t$ を掛けて変調波形を作っていることになります。この方法ではなく (b) 式のように、矩形波の DC 成分 S_0、基本波 $S_1\cos\omega t$、各高調波それぞれと $\cos\omega_i t$ の掛け算を行った後に、それら全てを足し合わせて作る方法もあります。(b) 式の方法であれば、足し合わせる前に積和の公式を使えば、スペクトルを求められそうです。例えば、基本波と情報波の掛け算は、

$$S_1\cos\omega t\cos\omega_i t = \frac{S_1}{2}\cos(\omega + \omega_i)t + \frac{S_1}{2}\cos(\omega - \omega_i)t$$

で、周波数は $\omega + \omega_i$ と、$\omega - \omega_i$ と、になり、二つの周波数のスペクトルはそれぞれ、

$$\omega + \omega_i \ : \ \frac{V_i S_1}{2}$$

$$\omega - \omega_i \ : \ \frac{V_i S_1}{2}$$

です。(3-9) の (b) 式の各項に番号を付けて、周波数が低い側から、いくつかスペクトルを見てみましょう。

$$v_{am} = V_i(S_0 \cos \omega_i t + S_1 \cos \omega t \cos \omega_i t + S_2 \cos 2\omega t \cos \omega_i t + \cdots) + A(S_0 + S_1 \cos \omega t + S_2 \cos 2\omega t + S_3 \cos 3\omega t + \cdots)$$
$$\text{●}\qquad\qquad\text{⓫}\qquad\qquad\qquad\text{⓬}\qquad\qquad\qquad\bigcirc\quad①\quad②\quad③$$

2桁の番号の項では二つの周波数が現れます。f_i=20kHz、f=200kHz とし、f_i は f より小さい前提ですので、

DC	:	AS_0	← $\bigcirc$
ω_i	:	$V_i S_0$	← ●
$\omega - \omega_i$	:	$\dfrac{V_i S_1}{2}$	← ⓫
ω	:	AS_1	← ①
$\omega + \omega_i$	:	$\dfrac{V_i S_1}{2}$	← ⓫
$2\omega - \omega_i$	:	$\dfrac{V_i S_2}{2}$	← ⓬
2ω	:	AS_2	← ②
$2\omega + \omega_i$	:	$\dfrac{V_i S_2}{2}$	← ⓬
$3\omega - \omega_i$	:	$\dfrac{V_i S_3}{2}$	← ⓭
3ω	:	AS_3	← ③
$3\omega + \omega_i$	:	$\dfrac{V_i S_3}{2}$	← ⓭

$$\vdots$$
$$\vdots$$

　スペクトルのグラフは横軸の周波数に沿って、0Hz、f_iHz、$(f-f_i)$Hz と fHz と $(f+f_i)$Hz、$(2f-f_i)$Hz と $2f$Hz と $(2f+f_i)$Hz、$(3f-f_i)$Hz と $3f$Hz と $(3f+f_i)$Hz、・・・が並ぶものになりそうです。

　ここから実際にスペクトルのグラフを作ります。上記で観察したように三つの周波数のかたまりが横に並ぶ形になりそうなので、sheet を三つに分けて別々に計算し、最終的に足したいと思います。v_{am} の式の後半は矩形波の A 倍ですが、これを sheet "AM 積和" で計算します。式の前半の矩形波の角周波数 ω に情報波の角周波数 ω_i を足すスペクトルの計算は sheet "AM 積和＋" に、ω_i を引くスペクトルの計算は sheet "AM 積和－" にて計算します。積和という名前にしたのは、積和の公式を使って掛け算後の周波数

3. 応用例 AM 変調

を導いているからです。

•••••••••••••••••••••••••••••• **Excel** ••••••••••••••••••••••••••••••

まず、sheet "AM" をコピーして、名称を "AM 積和 " にします。

＜表＞sheet "AM 積和 "

　まず、67 行目にある A を、19 行目に移しましょう。カットアンドペーストを使ってください。そして I 列のスペクトルの値全てに A を掛けます。sheet "AM 積和 " で計算するのはの式の後半、矩形波の A 倍でした。

　　セル I5 "=$B$19*$B$2*$B$8"

　　セル I6 "=$B$19*2*$B$2*$B$8*(SIN($F6*PI()*$B$8)/($F6*PI()*$B$8))/SQRT(1+($F6*$B$15)^2)"

　　セル I7〜I55 に、セル I6 の式をコピペします。矩形波が A 倍（3 倍）されたはずです。これで、式（3-9）の（b）式の後半

$$A(S_0 + S_1 \cos \omega t + S_2 \cos 2\omega t + S_3 \cos 3\omega t + \cdots)$$

を計算する sheet "AM 積和 " が完成しました。

　ここからは v_{am} の式の前半を二つの sheet に分けて計算します。式の前半は、積和の公式を適応すれば、矩形波の各周波数と情報波の周波数の和として計算される周波数と、差として計算される周波数にスペクトルが現れるのでした。まずは和を計算する sheet を作ります。sheet "AM" をコピーして、名称を "AM 積和 +" にします。sheet "AM 積和 " をコピーして使わないでください。sheet "AM 積和 " はスペクトルが A 倍されていますが、これから作る sheet "AM 積和 +" では A 倍を使うことはありません。

　コピー後まず行うのは、変数（オレンジのセル）を全て sheet "AM 積和 " の参照に変える作業です。最終的には、sheet "AM 積和 " だけで全ての変数をコントロールしたいからです。例えば B3 は、

＜表＞sheet "AM 積和 +"

　セル B3 "=AM 積和 !$B$3"

となります。Excel 初心者の方のためにコメントしますが、上の記述は文字を直接入力する必要はなく、B3 のセルで "=" を入力して、sheet "AM 積和 " のセル B3 を選択して Enter キーを押せばよいです。そのあとに参照セルを固定するため "$" を追加しましょう。参照としたセルは濃い青に塗り替えましょう。ここまで準備できたら、数式を変更していきます。

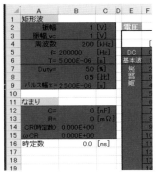

図 3-19

　まず周波数を和に変えましょう。周波数 0kHz の DC スペクトルについては、最後に説明します。sheet "AM 積和 +" で計算するのは v_{am} の式の前半で、積和の公式適応後の、矩形波の角周波数に情報波の角周波数を足した周波数の波形でした。ですので、スペクトルグラフの横軸に使う G 列の周波数 kHz は、矩形波の各周波数に情報波の周波数 f_i を足した、$nf + f_i$ です。基本波セル G6 に、

　　　セル G6 "=$F6*$B$4+$B$63" とし、セル G7 以降にコピペします。

　計算に使う周波数の H 列は、

　　　セル H6 "=2*PI()*($F6*$B$5+$B$64)" とし、セル H7〜H55 にコピペします。

　次はスペクトルの値です。I 列にはもとのスペクトルの値 $(S_1, S_2, S_3, \cdots)$ が書かれていますが、これら全てに Vi/2 を掛けます。

　　　セル I6 "=($B$61/2)*2*$B$2*$B$8*(SIN($F6*PI()*$B$8)/($F6*PI()*$B$8))/SQRT(1+($F6*$B$15)^2)" とし、セル I7〜I55 にコピペします。

　そして DC です。v_{am} の式 (3-9) の (b) 式を再度表示します。

$$v_{am} = V_i\big(S_0 \cos \omega_i t + S_1 \cos \omega t \cos \omega_i t + S_2 \cos 2\omega t \cos \omega_i t + S_3 \cos 3\omega t \cos \omega_i t + \cdots\big)$$
$$+ A\big(S_0 + S_1 \cos \omega t + S_2 \cos 2\omega t + S_3 \cos 3\omega t + \cdots\big) \qquad :\text{(b)式}$$

$$(3\text{-}9)$$

後半の式は sheet "AM 積和 " で作成済、前半の式の

$$V_i\big(S_1 \cos \omega t \cos \omega_i t + S_2 \cos 2\omega t \cos \omega_i t + S_3 \cos 3\omega t \cos \omega_i t + \cdots\big)$$

の部分については積和の公式で角周波数 ω_i を足す周波数の波形については計算が完了しています。

　式 (3-9) の (b) 式の先頭の $V_i S_0 \cos \omega_i t$ は、情報波に矩形波の DC 値を掛けた形です。その結果、振幅 $V_i S_0$ の情報波の波形となります。そこで、5 行目は 61 行目の情報波をコピペして、矩形波の DC 値を掛けて作りましょう。

　　　セル K5 "=$I$5*$B$61*COS(2*PI()*$B$64*K$4)"　これをセル L5〜HC5 へコピペしてください。

　5 行目については周波数に注意しましょう。6 行目以降の基本波とその高調波の周波数は $nf + f_i$ であったのに対し、5 行目でつくる波形の周波数は f_i です。f_i と、計算には使用しませんがその角周波数 ω_i を修正します。

3. 応用例 AM 変調

セル G5 "=$B$63"

セル H5 "=2*PI()*$B$64"

これで、sheet "AM 積和 +" が完成しました。

次は sheet "AM 積和 -" を作るわけですが、式 (3-9) の (b) 式の $V_i S_0 \cos \omega_i t$ は sheet "AM 積和 +" で計算済ですので、これから作る sheet "AM 積和 -" の 5 行目は不要になります。sheet "AM 積和 -" は、sheet "AM 積和 +" をコピーして、f と ω を差の式にするだけです。

< 表 > sheet "AM 積和 -"

スペクトルグラフの横軸に使う G 列の周波数 kHz は、基本波セル G6 に、

セル G6 "=$F6*$B$4-$B$63" とし、セル G7 以降にコピペします。

計算に使う周波数の H 列は、

セル H6 "=2*PI()*($F6*$B$5-$B$64)" とし、セル H7〜H55 にコピペします。

スペクトルの値は、sheet "AM 積和 +" も sheet "AM 積和 -" も同じなので変更する必要はありません。

後は、5 行目をゼロにします。

セル I5 "0"

とするだけでよいです。

いよいよスペクトルのグラフを作ります。

まず、sheet "S_ 矩形波 " をコピーし、名称を "S_AM 積和 " に変えます。

< グラフ > sheet "S_AM 積和 "

タイトルは AM 変調スペクトルとします。

最初に、元の " スペクトル " のデータを、sheet "AM 積和 " のスペクトルの値と入れ替えます。式 (3-9) の (b) 式でいうと、後半のスペクトルです。

系列名："A ×矩形 " とし、sheet "AM 積和 " の下記を選びます。

横軸（周波数）：セル G5〜G55

縦軸（スペクトル）：セル I5〜I55

次に、元のデータの凡例の " 振幅 " には A の値を入れることにします。データの選択で、系列名を sheet "AM 積和 " のセル B19 を選択。凡例の名前は "A="

また、もともと入っているほかの系列データ（200 や 1 倍、2 倍といった）も、sheet "AM 積和 " に参照先を変えましょう。

次は、式 (3-9) の (b) 式の前半のスペクトルを加えます。

データの選択、追加で、

系列名："$f_c + f_i$"（後の説明の都合から、f でなく f_c とさせてもらいます）とし、

sheet "AM 積和 +" の下記を選びます。

横軸（周波数）：G5〜G55

縦軸（スペクトル）：I5〜I55

148

を選択。

　続けて sheet "AM 積和－" ですが、5 行目は使わないので省きます。データの選択、追加で、

　系列名："f_c-f_i" とし、

　横軸（周波数）：G6～G55

　縦軸（スペクトル）：I6～I55

　これでグラフは完成です。

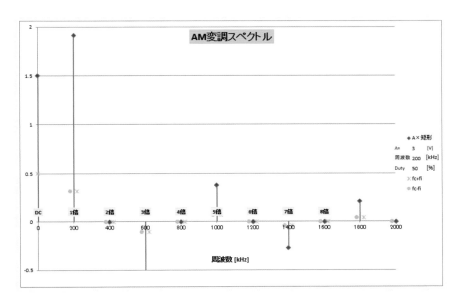

図 3-20

　さらにグラフを見やすくしていきましょう。

　まず、データの選択でデータの順番を入れ替えます。凡例が上から、"A ×矩形 "、"f_c+f_i"、"f_c-f_i" の順番になるようにしました。

　プロットの色は好みですが、"A ×矩形 " をオリーブの菱形、"f_c+f_i" を青の丸、"f_c-f_i" をアクアの丸としました。

　それぞれのデータに Y 誤差範囲を追加しましょう。

　　→「負方向」→「キャップなし」→「100%」

の設定です。

　縦軸のスペクトルの表示範囲は－ 2～2 にしましょう。

　最後に DC、1 倍、2 倍といったラベルを下にずらしましょう。

　　　　　セル B59 "－ 1" としました。

3. 応用例 AM 変調

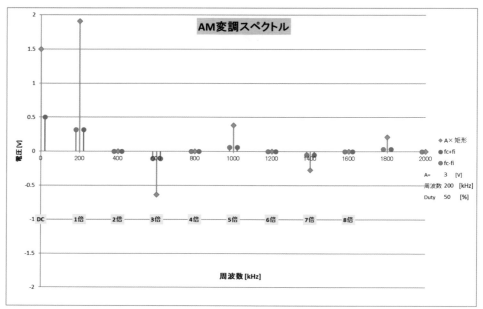

図 3-21

うまく作れたでしょうか？　Aを1にしたり、周波数の最大値を広げるなどして予想と一致しているか確認してみてください。矩形波の Duty 比の変化にも対応できるスペクトルとなっています。

下図は周波数の表示範囲を変えて、スペクトルの全体を見たグラフと、基本波〜3倍高調波を拡大してみたグラフです。

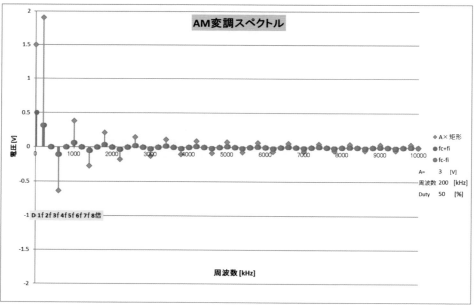

図 3-22

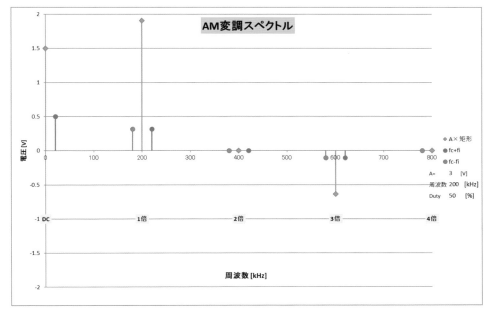

図 3-23

　さて、時間波形に戻りましょう。**図 3-17** の矩形波を情報波で変調した時間波形は、式 (3-9) の (a) 式を表計算して作ったものでした。スペクトルのグラフは (b) 式から作りましたが、時間波形についても (b) 式のように、矩形波の各周波数成分と情報波の変調（掛け算）を行った後に足し合わせて作ることもできるはずです。

$$v_{am} = V_i\,f_1(t) \times \cos\omega_i t + A\,f_1(t)$$

$$= V_i\big(S_0 + S_1\cos\omega t + S_2\cos 2\omega t + S_3\cos 3\omega t + \cdot\cdot\cdot\big) \times \cos\omega_i t$$
$$+ A\big(S_0 + S_1\cos\omega t + S_2\cos 2\omega t + S_3\cos 3\omega t + \cdot\cdot\cdot\big) \quad :(a)式$$

$$= V_i\big(S_0\cos\omega_i t + S_1\cos\omega t\cos\omega_i t + S_2\cos 2\omega t\cos\omega_i t + S_3\cos 3\omega t\cos\omega_i t + \cdot\cdot\cdot\big)$$
$$+ A\big(S_0 + S_1\cos\omega t + S_2\cos 2\omega t + S_3\cos 3\omega t + \cdot\cdot\cdot\big) \quad :(b)式$$

(3-9)

　実際に確認したいと思います。作るのは簡単です。スペクトルのグラフは sheet "AM 積和 "、sheet "AM 積和 +"、sheet "AM 積和－" の三つの sheet の値を表示させました。時間波形のグラフは、三つの sheet の時間波形を足し合わせて表示させればよいだけです。

＜表＞sheet "AM 積和 "

　計算は、sheet "AM 積和 " で行います。70 行目を使うことにします。70 で各 sheet の 56 行目を足しましょう。ちなみに sheet "AM 積和 " の 67 行目は使っていないので消してしまってかまいません。
　セル K70 "=K$56+'AM 積和 +'!K$56+'AM 積和 -'!K$56" を入力し、セル L70〜HC70 までコピペしてください。

3. 応用例 AM 変調

　　セル **A70** に " 積和の公式から " と説明を追加しました。

	60	情報波 vi								
	61		振幅	1	[V]				1	0.9980267	0.9
	62										
	63		周波数	20	[kHz]						
	64		f=	20000	[Hz]						
	65		T=	5.000E-05	[s]						
	66										
	67										
	68										
	69										
	70	積和の公式から							4.025E+00	4.029E+00	4.0
	71										

図 3-24

　　次はグラフ化です。sheet "T_AM" をコピーして、sheet の名称は "T_AM 積和 " とします。これに sheet "AM 積和 " で計算した結果を重ねましょう。

　　< グラフ > sheet "T_AM 積和 "

　　データの選択で、sheet "AM 積和 " から 70 行目を選びます。

　　　系列名： "AM 変調積和 " にしました。

　　　横軸（時間）： K3～HC3

　　　縦軸（電圧）： K70～HC70

　　色は濃い紫にしました。

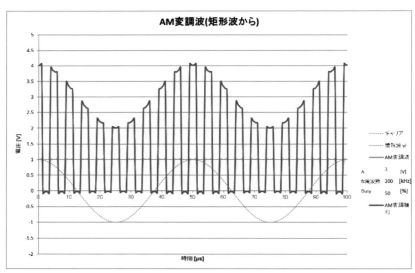

図 3-25

　　どちらの方法でグラフ化しても同じであることが確認できました。

● ●

（b） 変調回路

　　ここで再度、完成した時間波形を見てみましょう。

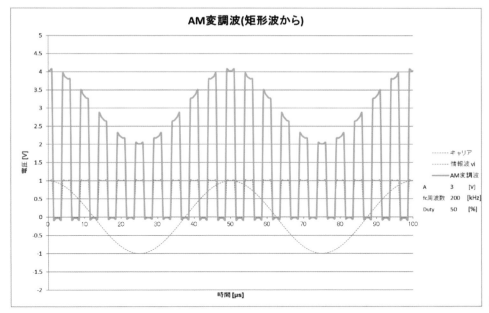

図 3-26

この波形を見て何か感じないでしょうか？

本節の冒頭で、下のグラフのような AM 変調の波形を回路で作るのは難しそうだと書きました。

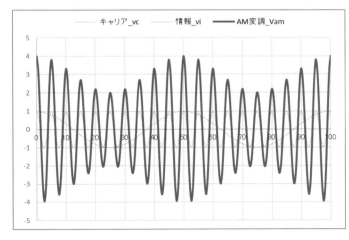

図 3-10

それに対し、キャリアとして矩形波を使ったものはどうでしょうか？

　回路に知識のある方なら気づいたかもしれませんが、**図 3-26** の波形は 200kHz でスイッチングしている回路の電源を情報波に合わせて揺らしただけの波形になっています。

　3.3 節 " 通信を考慮した AM 変調の式 " で説明したキャリア波 $\cos \omega_c t$ と情報波 $V_i \cos \omega_i t$ の変調の場合と同じように、**図 3-26** の波形が電圧 1[V] で基本周波数 200[kHz] の矩形波 $f_1(t)$ と、20[kHz] の情報波 $V_i \cos \omega_i t$ の掛け算によるものであることは確認済です。つまり変調が行われています。

　入力として、キャリア信号 $V_c \cos \omega_c t$ の代わりに、矩形波 $f(t)$ と情報信号 $V_i \cos \omega_i t$ を使ってつくられる AM 変調の基本式を図に書き表すと、

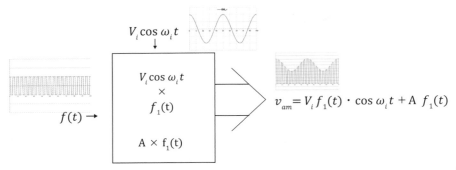

図 3-27

のようになるかと思います。これをさらに回路に書き出してみましょう。

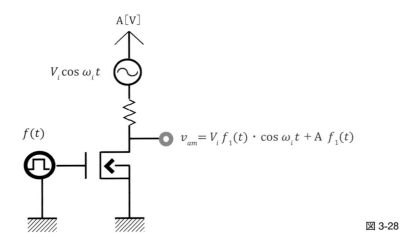

図 3-28

　ここでは N-MOS トランジスタで書き表しました。トランジスタの上にある抵抗は、トランジスタが On の期間に出力を 0V とするために、電源 A[V] を支える抵抗です。この回路は、ドレイン（コレクタ）変調回路の一部です。表 sheet“AM” の数値をいろいろな値に変えてグラフの波形と回路を比較してみてください。回路の電源に相当する A や、ドレインに印加する情報波の振幅を変えるとどうでしょう？　回路から予想した変化と、グラフ sheet “T_AM” に表れる変化は一致しましたでしょうか？　一方で、ゲート入力信号に相当する矩形波の振幅を変えても（0V 除く）波形は変化しません。説明済ですが、AM 変調の基本式に矩形波の振幅（キャリア信号で考えれば V_c）は出てきません。回路を見ても、矩形波の振幅は N-MOS トランジスタを ON できる程度の強さがあればよいだけで、出力に直接影響を与えていないことがわかります。

※　章の冒頭に、通信だけでなくノイズの視点からも考えて欲しいと書きました。AM 変調によって、二つの周波数を足した信号、引いた信号ができるわけですが、これを発生してしまった新しい周波数のノイズと捉えると、この変調ノイズは回路の出力の電源が揺れるだけで簡単に発生してしまう困った現象であることもわかります。

　通信の話としてさらに説明を続けます。

　矩形波を情報波で AM 変調した電圧を出力するこの回路は、ドレイン変調回路の一部だと書きました。
では、ドレイン変調回路全体はどのような回路なのでしょうか？

　主要な機能を抜き出すと

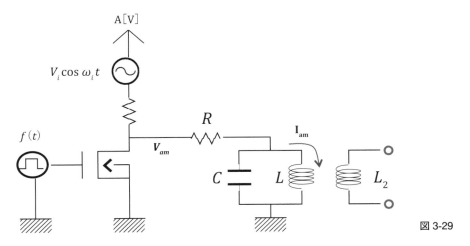

図 3-29

のようになります（説明のしやすい構成を選ばせていただきました）。出力された AM 変調電圧が、LCR
の同調回路に入り、この同調回路が負側の波形を生成します。このとき 1 次コイルに流れる電流が、相
互誘導によって 2 次コイル側に電圧を発生させます。当然コイル間で DC 電圧は伝わりません。この 2 次
コイル側に発生した電圧を電波として飛ばして通信を行うことになります。従いまして、電圧波形または
その前段の同調回路のコイルを流れる電流波形が、空間に飛ばしやすい 200kHz のキャリアを、20kHz の
情報波で変調した波形になっていて欲しいわけです。

　この時間波形を再現するには、AM 変調後の v_{am} が LCR の同調回路でどうなるかを知る必要があります。
簡単に解けるでしょうか？　また計算です。

ん？　すでに計算しています。

前章で求めた、Band Pass フィルター(同調回路) の式を使えます。振り返るにわれわれはすでに、

　・矩形波をスペクトル分解した数式の記述
　・Band Pass フィルター（同調回路）など電気回路の数式化
　・AM 変調の基本式の計算とグラフ化
をすでにマスターしています。

　AM 変調の計算結果（N-MOS トランジスタの出力電圧）を、同調回路の数式に入れれば、電流波形が求
められるハズです。やってみましょう。

　まずは、LCR の Band Pass フィルターの式を思い出す必要があります。私たちが解いた LCR の Band
Pass フィルター回路は

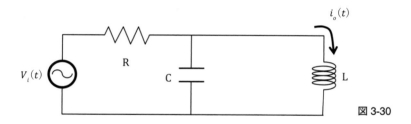

図 3-30

で、その出力電流 $i_0(t)$ は、前章の式 (2.65) または、式 (2-92) の下記でした。

同調回路の出力電流

$\dfrac{1}{LC} - \omega^2 > 0$ の場合　　$i_o(t) = \dfrac{1}{LCR} \cdot \dfrac{V \cos(\omega t - \theta)}{\sqrt{\left(\dfrac{1}{LC} - \omega^2\right)^2 + \left(\dfrac{\omega}{CR}\right)^2}}$

$\dfrac{1}{LC} - \omega^2 < 0$ の場合　　$i_o(t) = \dfrac{1}{LCR} \cdot \dfrac{-V \cos(\omega t - \theta)}{\sqrt{\left(\dfrac{1}{LC} - \omega^2\right)^2 + \left(\dfrac{\omega}{CR}\right)^2}}$

$\theta = \tan^{-1}\left(\dfrac{\dfrac{\omega}{CR}}{\dfrac{1}{LC} - \omega^2}\right)$　　　(3-10)

前提条件は、入力電圧：$V \cos \omega t$ 、　　$i_o(0) = 0$、$i_o'(0) = 0$、

　　　　　　　$e^{-\alpha t}$ で時間とともに急激に減衰する項は無視している

の式でした。

　共振周波数 $\omega_0 = 1/\sqrt{LC}$ $f_0 = 1/(2\pi\sqrt{LC})$ の前後で、電流の符号が変わります。場合分けに注意が必要です。

　計算式は一つの周波数の電圧に対して、同じ周波数の電流値が対応します。つまり入力する電圧が周波数分け（スペクトル化）されていなければなりません。周波数ごとに計算した後、最後に全周波数の電流値を足し合わせれば、求める電流波形になります。すでに Band Pass フィルターに印加する v_{am} は Excel でスペクトル化されているので、それぞれの周波数で同調回路のコイルを通る電流を計算して足し合わせればよいわけです。これ以降、LCR の Band Pass フィルターは同調回路と呼ばせてください。

　さて、Excel ですが、sheet "AM 積和"、sheet "AM 積和 +"、sheet "AM 積和 −" の三つの sheet それぞれの信号について同調回路通過後の計算を行い、最後に足し合わせようと思います。同調回路に入力される v_{am} は、

$$v_{am} = V_i f_1(t) \times \cos \omega_i t + A f_1(t)$$

$$= V_i (S_0 + S_1 \cos \omega t + S_2 \cos 2\omega t + S_3 \cos 3\omega t + \cdot \cdot \cdot) \times \cos \omega_i t$$
$$+ A(S_0 + S_1 \cos \omega t + S_2 \cos 2\omega t + S_3 \cos 3\omega t + \cdot \cdot \cdot) \qquad : (a)式 \qquad (3\text{-}9)$$

$$= V_i (S_0 \cos \omega_i t + S_1 \cos \omega t \cos \omega_i t + S_2 \cos 2\omega t \cos \omega_i t + S_3 \cos 3\omega t \cos \omega_i t + \cdot \cdot \cdot)$$
$$+ A(S_0 + S_1 \cos \omega t + S_2 \cos 2\omega t + S_3 \cos 3\omega t + \cdot \cdot \cdot) \qquad : (b)式$$

で、後半の $A(S_0 + S_1 \cos \omega t + S_2 \cos 2\omega t + S_3 \cos 3\omega t + \cdot \cdot \cdot)$ の部分は、sheet "AM 積和" で計算し、前半の部分は、積和の公式から、周波数の和は sheet "AM 積和 +" で、周波数の差の方は sheet "AM 積和 −" で計算したのでした。

三つの sheet をこのまま修正してもよいですが、元の sheet とグラフはノイズ解析に使えそうなので残しておきます。コピーしたものを使いましょう。名称は、

"AM 積和" → "AM 同調"

"AM 積和 +" → "AM 同調 +"

"AM 積和 −" → "AM 同調 −"

"T_AM" → "T_AM 同調"

"S_AM 積和" → "S_AM 同調"

としました。ここで少し面倒ですが、sheet "AM 同調" 以外の sheet の参照先を全て sheet "AM 同調" に変えておきましょう。sheet "AM 同調 +" と sheet "AM 同調 −" であれば B 列の参照先として "AM 積和" と書かれている部分を、"AM 同調" と書き直せばよいハズです。

• **Excel** •

< 表 > sheet "AM 同調"

各 sheet の計算結果を足し合わせる sheet "AM 同調" の 70 行目は下のように書き直す必要があります。

セル K70 "=K$56+'AM 同調 +'!K$56+'AM 同調 -'!K$56" これをセル L70〜HC70 までコピペしてください。

< グラフ > sheet "T_AM 同調"

sheet "T_AM 同調" のグラフデータの参照先も、sheet "AM 同調" に変えてください。"AM 変調波" のデータの参照先は sheet "AM 同調" の 70 行目に変えました。セル K70〜HC70 です。sheet "AM 同調" では AM 変調の基本式の後半を計算しているので、キャリアの破線のプロットは矩形波 $f_1(t)$ から、それを A 倍した $Af_1(t)$ に変わっていると思います。

3. 応用例 AM 変調

< グラフ > sheet "S_AM 同調 "

スペクトルのグラフ、sheet "S_AM 同調 " のほうは、$f_c + f_i$ と、$f_c - f_i$ のデータの参照先だけそれぞれ、sheet "AM 同調 +" と sheet "AM 同調 - " になります。参照先の変更はこれで完了です。

それと、同調回路での計算結果は電流 i_{am} になるので、三つの sheet の表それぞれの E2 を電圧から電流に書き換えておきましょう。

　　　セル E2 " 電流 "

これで使用する sheet の準備が整いました。

ここで再び同調回路の式 (3-10) を見てみましょう。計算する各 sheet には、L、C、R の値、計算する周波数と共振周波数の比較、位相調整 $\tan^{-1} + \theta$ の追加が必要そうです。

< 表 > sheet "AM 同調 "

sheet "AM 同調 " に、L、C、R の値を設定するセルを作ります。単位は [µH]、[µF]、[mΩ] としました。すぐ下のセルで基本単位に変換します。

　　　セル A21 "iL 同調回路定数 " と記入しました。L に流れる電流波形を決める同調回路の定数を以下で
　　　設定します。

　　　セル B22 "1"　　L=1[µH] としています。

　　　セル B23 "=$B$22*1e-6"

　　　セル B24 "1"　　C=1[µF] としています。

　　　セル B25 "=$B$24*1e-6"

　　　セル B26 "1000"　　R=1000[mΩ] としています。

　　　セル B27 "=$B$26*1e-3"

さらに下のセルで、共振周波数を決める1/LCと、スペクトルの計算に使う1/LCRを計算させておきます。

　　　セル B28 "=1/($B$23*$B$25)"　　　　　← 1/LC

　　　セル B29 "=1/($B$23*$B$25*$B$27)"　　← 1/LCR

共振周波数 [kHz] も計算させておきましょう。ただ、i_{am} の計算に使うのは角周波数 ω のほうだけです。

　　　セル A31 " 共振周波数 "

　　　セル B32 "=0.001/(2*PI()*SQRT($B$23*$B$25))"　　← $1/2\pi\sqrt{LC}$ [kHz]、数値は白で目立つようにしま
　　　した。159.2 と表示されていると思います。

次はここまでに入力したセル A21〜C32 を sheet "AM 同調 +" と sheet "AM 同調 - " にもコピペしましょう。ただし、L、C、R の値は、sheet "AM 同調 " を参照させ、この sheet で全て設定することにします。

次はいよいよ計算式の入力です。三つの sheet を使って、式 (3-9) の変調後の波形がすでに計算されています。このうち sheet "AM 同調 " で計算しているのは、v_{am} の式の後半部分でした。まず、これを同調回路に通します。同調回路の式 (3-10) は条件により二つあるため、どちらを適応すべきか判断しなければなりません。各角周波数 ω と共振角周波数 $1/\sqrt{LC}$ との比較が必要です。この比較のための列を H 列の横に 2 列追加します。

追加してできた I 列では、同調回路の式を決める条件となっている引き算を行います。

セル I4 "(1/LC)−ω2" とコメント記入。

セル I5 "=$B$28-$H5^2" これをセル I55 までコピペしてください。

次は追加した J 列で I 列の数値の正 / 負を判断し、スペクトルに掛ける 1 または−1 を返します。

セル J4 " 符号 " と記入。

セル J5 "=IF($I5<0,-1,1)" ← セル J5 が負なら−1。負でない（正または 0）なら 1。これをセル J55 までコピペします。

続いて同調回路の出力電流 i_{am} のスペクトルを計算します。入力する電圧は sheet "AM 同調 " の場合は v_{am} の式の後半部、

$$A\left(S_0 + S_1 \cos \omega t + S_2 \cos 2\omega t + S_3 \cos 3\omega t + \cdots\right)$$

でした。この各項を同調回路の計算式 (3-10) の $V \cos \omega t$ と考え計算します。同調回路の計算式の、$V \cos (\omega t-\theta)$ を除いた部分を計算して、スペクトルを計算前の V から、計算値×V に変えて電流 i_{am} を導きます。まず、J 列の横に 1 列追加してください。

セル K4 " 同調振幅 " と記入します。

セル K5 には計算式を入力します。先頭は先程計算した符号です。

セル K5 "=$J5*$B$29/SQRT($I5^2+($H5/($B$25*$B$27))^2)" とし、これをセル K55 までコピペします。これを後でスペクトルに掛けます。

位相差 θ も計算します。これは入力する電圧と同調回路から出力される電流の位相差です。K 列の横に 1 列追加してください。

セル L4 " 同調位相 " と記入します。

セル L5 "=ATAN(($H5/($B$25*$B$27))/$I5)" これをセル L55 までコピペします。

後は、計算された " 同調振幅 " を元のスペクトルに掛けて、" 同調位相 " を cos の式の位相として引けばよいわけです。

セル M5 "=$K5*$B$19*$B$2*$B$8"

セル M6

"=$K6*$B$19*2*$B$2*$B$8*(SIN($F6*PI()*$B$8)/($F6*PI()*$B$8))/SQRT(1+($F6*$B$15)^2)"

このセル M6 の計算式をセル M55 までコピペします。

次は位相です。

セル O6 "=$M6*COS($H6*(O$4+$B$36)-$N6-$L6+$F6*$B$37)" これをセル O55 までコピペして、さらにセル O6〜O55 を、セル P6〜HC55 までコピペします。

これで sheet "AM 同調 " は完成です。

3. 応用例 AM変調

17				12	##	##	-2.26
18	AM変調波 vam			13	##	##	-2.66
19	A=	3	[V]	14	##	##	-3.09
20				15	##	##	-3.54
21	iL同調回路定数			16	##	##	-4.03
22	L	1	[μH]	17	##	##	-4.55
23		0.000001	[H]	18	##	##	-5.11
24	C	1	[μF]	19	##	##	-5.69
25		0.000001	[F]	20	##	##	-6.31
26	R	1000	[mΩ]	21	##	##	-6.95
27		1	[Ω]	22	##	##	-7.63
28	1/LC	1E+12		23	##	##	-8.34
29	1/LCR	1E+12		24	##	##	-9.09
30				25	##	##	-9.86
31	共振周波数			26	##	##	-1.07
32	1/2π√LC	159.2	[kHz]	27	##	##	-1.15

図 3-31

sheet "AM 同調 +" と sheet "AM 同調 -" についても、全く同じ修正を加えることになります。v_{am} の式の前半を同調回路に通すことに相当するわけですが、やっていることは、sheet "AM 同調" と全く同じ、各周波数の cos 波形の変換です。

< 表 > sheet "AM 同調 +"、sheet "AM 同調 -"

それぞれの sheet の H 列の右に、sheet "AM 同調" で作った I 列から L 列の 4 列をコピーして挿入します。

セル M5 の式の先頭に $K5* を付けます（同調振幅を元のスペクトルに掛ける）。DC を計算しているのは sheet "AM 同調 +" なので、この操作は sheet "AM 同調 +" だけでよいです。

　　sheet "AM 同調 +"

　　セル M5 "=$K5*$B$2*$B$8"

セル M6 の式の先頭に $K6* を付けます (同調振幅を元のスペクトルに掛ける)。

　　セル M6

　　"=$K6*($B$61/2)*2*$B$2*$B$8*(SIN($F6*PI()*$B$8)/($F6*PI()*$B$8))/SQRT(1+($F6*$B$15)^2)"

これをセル M55 までコピペします。これは両方の sheet です。

次は位相です。同調位相 $L5 を、セル O5 の cos の中で引きます。

　　セル O5 "=$M$5*$B$61*COS(2*PI()*$B$64*O$4-$L5)"

振幅の場合と同じく、セル O5 は sheet "AM 同調 +" だけ操作すればよいです。

次に同調位相 $L6 を、セル O6 の cos の中で引きます。

　　セル O6 "=$M6*COS($H6*(O$4+$B$36)-$N6-$L6+$F6*$B$37)"　この O6 のセルをセル O55 までコピペして、さらに O5〜O55 のセルをセル P5〜HC55 までコピペします。

これを両方の sheet に対して行ってください。

< グラフ > sheet "T_AM 同調"

計算結果は同調回路のコイルを流れる電流なので、グラフの縦軸の名称などを変えておきましょう。

縦軸は " 電流 [A]" に変えます。タイトルも "AM 変調波 (コイル電流)" に変えました。

データ "AM 変調波" の色も緑（電流）に変更しました。

" キャリア v_c"、" 情報波 v_i" のデータは残しましたが、こちらは値が電圧であることに注意してください。

＜グラフ＞sheet "S_AM 同調 "

スペクトルも縦軸を " 電流 [A]" に変えます。タイトルも "AM 変調スペクトル (コイル電流)" に変えました。

これで完成です。時間波形 sheet "T_AM 同調 " は

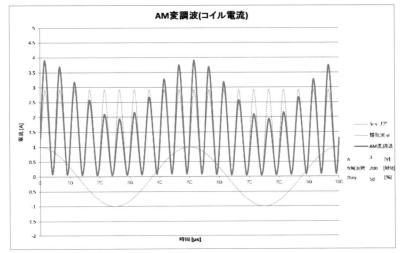

図 3-32

上図のようになったでしょうか？

しかし、3.3 節 " 通信を考慮した AM 変調 " の、キャリア $V_c \cos \omega_c t$ と情報報 $V_i \cos \omega_i t$ で作った AM 変調の波形、図 3-10 とはかなり違うとがっかりされた方もいるかもしれません。ただ、L、C、R の値は適当に入れておいた、1[μH]、1[μF]、1000[mΩ] です。そこでこれらの値を共振周波数がキャリアの周波数 f_c=200kHz になるように選び直してみましょう。例えば、0.8 [μH]、0.8[μF] です。

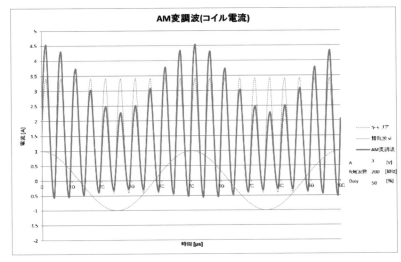

図 3-33

あまり大きな変化はないようです。まだまだ DC や低周波成分の比率が大きいように見えます。抵抗を上げてみましょう。5000[mΩ]、縦軸を− 0.3〜0.3[A] としました。どうでしょうか？

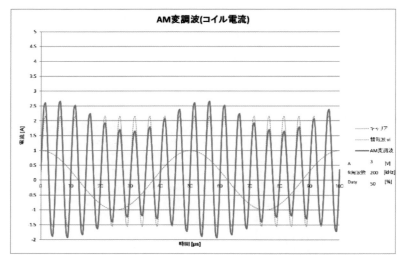

図 3-34

さらに、2 次コイル側の波形と考えれば DC 成分は伝わらないので、先取りして sheet "AM 同調 " のセル M5 をゼロとしてみます。

今度はどうでしょうか？　かなり近づいたのではないでしょうか。

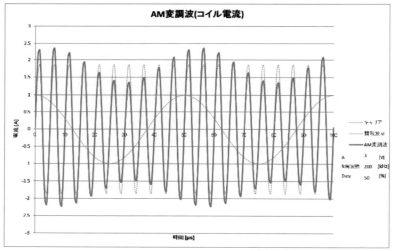

図 3-35

抵抗を増やしたことで、f_i=20kHz の情報波の振幅が小さくなったとは言え、しっかりトレースされています。

キャリア $V_c \cos \omega_c t$ と情報 $V_i \cos \omega_i t$ で AM 変調の波形を、今作ったグラフにコピペしたのが図 3-36 です。重ねるグラフを選んで Ctrl + C とし、今作ったグラフを選んで Ctrl + V をするだけで重ねられます。電圧と電流の違いがあるので振幅は当然異なります。また、回路により位相も変化していますが（波形を強制的に 6.3μs 程度早めると重なって見えます。sheet "AM 同調 " セル B35 に "6300" を入力）、かなり作りたい波形に近づいたのではないでしょうか。

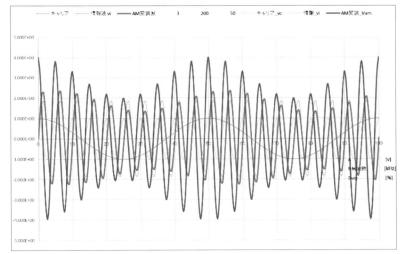

図 3-36

　そのほかのパラメータも変更して予想した波形になるか試してみてください。ただし、入力する数値によってはグラフのプロット数（計算ポイント）が不足し、満足できる波形が得られない場合があるので気を付けてください。表計算の列を増やして時間当たりの計算数を増やす必要があります。

・・

　Excel でフーリエ級数とラプラス変換を学ぶことを目的とする本書ですが、AM 変調や Band Pass フィルターの動作にまで踏み込むことができました。この本を手にするまでは、シミュレーションを使わずに Excel だけ波形を描くこと自体、半信半疑の方もいらしたかもしれません。しかし今では、さまざまな回路の波形を自力で再現する知識を得られたのではないかと思います。シミュレーションで本格的な回路設計を行うにしても、おおまかな結果の予想を手元（Excel）でできるのであれば効率に違いが出ると思います。

　フーリエ級数（特に矩形波）とラプラス変換、そしてそれを現実のツールとして手にできる Excel。この本を通して、これらがぼんやりした知識から体感としてわかる知識へ、自身にぐっと引き寄せることができたのではないでしょうか？　本書を読みつつ、あれに使える、こんなこともできるなど、いろいろなアイデアが浮かんでこられた方もいらっしゃると思います。本書をさらに発展させた面白い事例や発見があれば、是非共有いただきたいと考えております。

<h2>［参考文献］</h2>

『ラプラス変換とフーリエ解析要論』田代嘉宏著、森北出版、1977

『通信方式―情報伝送の基礎』B.P. Lathi 著、山中惣之助・宇佐美興一共訳、朝倉書店、1995

『電気電子工学のための微分方程式とラプラス変換』前山光明著、社団法人電気学会、オーム社、2009

『新数学シリーズ 12　常微分方程式の解法』木村俊房著、培風館、1958

『オイラーの贈物―人類の至宝を学ぶ』吉田武著、筑摩書房、2001

『理解しやすい数学Ⅲ』藤田宏編著、文英堂、2013

数学ナビゲーター　http://www.crossroad.jp/ mathnavi/

数学の景色　https:// mathlandscape.com

[著者紹介]

柏田　順治（かしわだ じゅんじ）宮崎県都城市生まれ

1995 年　電気通信大学 電子工学 修士課程修了
　　　　　沖電気工業株式会社 半導体事業部（東京都八王子市高尾）
2001 年　ソニー株式会社 電子デバイス事業本部（神奈川県厚木市）
2009 年　ソニーモバイルディスプレイ株式会社（愛知県東浦町）
2010 年　ソニー株式会社 電子デバイス事業本部（神奈川県厚木市）
2012 年　ジャパンディスプレイ株式会社（神奈川県海老名市）
2018 年〜現在　ジャパンディスプレイ株式会社（千葉県茂原市）
　　　　　ディスプレイの駆動基板設計に従事

Excelで完全マスター
フーリエ級数とラプラス変換　　　定価はカバーに表示してあります。

2023年12月5日　1 版 1 刷発行　　　　　ISBN 978-4-7655-3021-7 C3054

著　者　柏　田　順　治
発 行 者　長　　　滋　彦
発 行 所　技 報 堂 出 版 株 式 会 社

〒101-0051　東京都千代田区神田神保町 1-2-5
電　話　営　業　（03）（5217）0885
　　　　編　集　（03）（5217）0881
　　　　Ｆ Ａ Ｘ　（03）（5217）0886
振 替 口 座　00140-4-10
Ｕ Ｒ Ｌ　http://gihodobooks.jp/

日本書籍出版協会会員
自然科学書協会会員
土木・建築書協会会員
Printed in Japan

装丁　ジンキッズ　　印刷・製本　三美印刷
イラスト　岩佐 絋恵

© KASHIWADA Junji, 2023
落丁・乱丁はお取り替えいたします。

|JCOPY| ＜出版者著作権管理機構 委託出版物＞

本書の無断複写は著作権法上での例外を除き禁じられています。複写される場合は，そのつど事前に，出版者著作権管理機構（電話：03-5244-5088，FAX：03-5244-5089，E-mail：info@jcopy.or.jp）の許諾を得てください。